Number Search 1

```
6 8 5 5 1 7 9 3 9 7 9 0 5 2 4
2 2 3 5 0 5 8 2 0 9 7 4 9 4 5
8 5 2 9 9 8 7 6 7 1 0 5 0 9 9
8 1 6 5 4 0 8 0 4 4 7 1 9 5 2
1 5 5 6 6 2 6 9 4 4 3 4 4 8 3
2 9 8 6 2 8 0 3 4 8 2 8 6 9 0
0 5 9 3 6 9 4 4 3 1 5 6 5 7 7
5 9 4 0 3 3 4 1 8 5 0 2 7 9 8
1 7 5 2 7 8 1 6 9 9 2 2 2 3 1
6 5 1 0 4 7 4 4 8 5 3 5 6 2 6
4 9 3 3 2 4 5 0 1 8 3 0 5 3 8
0 9 4 4 6 8 8 1 3 5 2 0 4 8 3
6 2 5 2 2 2 8 3 6 3 9 8 0 4 7
2 1 5 9 4 1 4 4 3 7 5 2 9 2 2
8 7 7 5 5 6 1 8 1 5 7 5 6 1 6
6 4 1 0 2 6 6 7 2 9 7 8 9 5 0
2 7 8 6 0 9 1 0 0 8 7 8 9 2 3
0 9 5 6 4 9 2 8 1 6 2 9 1 6 6
8 6 5 3 4 6 5 7 1 2 7 6 6 4 6
9 5 1 6 9 3 9 9 3 7 5 1 9 0 3
```

Number List

0582097494
1693993751
3.141592653
4062862089
4592307816

5342117067
5897932384
6264338327
9502884197
9862803482

Number Search 2

```
5 3 9 5 0 4 4 7 0 9 9 3 0 4 8
1 6 1 3 3 8 4 4 9 6 5 9 8 5 0
0 1 7 1 9 5 4 9 3 0 3 8 1 9 8
1 5 7 3 6 4 9 5 3 5 5 5 9 0 3
7 8 8 2 6 4 7 5 0 9 2 1 5 0 0
0 4 3 8 8 0 2 6 1 2 0 9 1 7 4
9 9 6 2 9 5 8 8 4 7 0 5 4 8 7
3 2 0 3 0 8 7 1 2 8 3 8 9 3 2
8 2 4 0 2 3 2 0 3 4 3 0 2 8 2
4 6 4 6 5 1 1 1 6 3 1 7 6 5 1
4 4 8 6 4 4 8 1 4 3 6 1 0 2 5
6 4 9 4 8 5 5 0 5 8 2 2 3 1 7
0 6 1 2 8 3 1 1 4 3 0 7 7 1 8
9 9 2 7 0 1 0 7 1 9 4 8 6 0 5
9 2 0 3 1 9 1 7 1 1 5 1 6 5 1
6 8 3 0 0 5 1 1 2 4 1 3 0 5 4
3 4 0 7 1 9 7 2 7 1 7 6 5 5 5
7 5 8 9 1 4 7 0 9 4 8 6 6 2 7
3 5 5 0 3 5 1 3 7 6 5 1 5 9 5
8 2 5 0 4 6 6 9 5 3 4 0 5 6 5
```

Number List

1328230664
2535940812
2841027019
3852110555
5505822317

7093844609
8481117450
9549303819
9644622948
9821480865

Number Search 3

```
7 6 4 6 9 2 3 8 8 7 9 6 4 8 1
7 0 1 7 2 5 1 2 9 6 6 6 9 4 0
6 2 0 2 8 6 2 3 9 2 1 7 5 7 8
4 4 8 8 8 0 3 1 3 3 2 6 0 4 3
4 9 6 3 2 4 5 7 8 9 4 9 9 9 2
4 1 1 5 5 3 7 7 8 8 3 4 1 8 1
8 4 0 4 4 8 6 5 5 0 7 6 9 3 6
7 1 7 9 0 8 9 6 6 2 8 7 0 4 8
4 2 0 8 7 8 6 3 3 4 0 1 9 7 5
0 7 1 3 2 9 1 4 3 0 8 9 8 2 2
0 4 3 8 6 2 7 0 1 4 5 2 7 6 6
6 1 5 5 8 2 6 8 7 7 1 4 4 8
2 0 6 4 2 4 1 0 4 0 2 4 2 4 4
3 3 5 4 3 4 8 8 2 0 6 0 6 3 7
0 4 0 2 6 2 1 7 1 5 2 2 3 3 1
0 0 8 8 8 3 6 9 9 8 1 3 9 9 3
6 7 9 4 7 0 0 6 0 3 5 5 6 5 3
7 4 3 6 2 9 1 4 4 1 7 9 5 6 9
9 5 0 2 7 9 0 1 8 8 2 4 4 6 1
0 3 1 9 5 3 2 6 6 0 6 2 9 5 7
```

Number List

0454326648
1284756482
1456485669
2133936072
2346034861

3378678316
5271201909
5665933446
6024914127
6442881097

Number Search 4

```
9 7 5 4 8 0 9 6 2 8 2 9 2 5 4
5 0 4 6 0 1 8 8 5 5 1 3 6 0 6
7 4 5 8 6 8 2 6 5 9 0 1 8 6 7
1 3 3 5 8 4 3 3 3 6 0 2 1 4 2
4 9 2 5 3 1 0 4 8 2 9 2 0 0 7
5 6 6 6 9 7 5 2 6 4 3 0 8 8 2
9 5 5 9 2 9 2 2 8 5 7 6 3 6 1
8 8 5 5 4 7 7 4 0 8 1 4 5 5 3
1 7 6 6 7 2 5 7 5 9 4 3 9 5 8
2 1 5 5 4 3 0 4 4 8 2 5 3 3 4
2 0 2 9 2 3 4 1 2 1 7 5 0 3 1
2 0 9 1 7 1 5 3 6 4 3 0 6 9 4
6 5 9 3 0 1 1 9 7 4 1 3 0 0 6
9 7 8 2 1 9 4 6 4 1 3 4 5 6 9
7 5 4 6 8 4 1 2 3 3 3 8 5 0 5
3 4 0 8 4 7 7 3 4 2 9 5 4 4 9
5 9 2 8 3 4 0 5 5 5 8 1 7 7 9
7 6 5 2 0 5 8 8 2 7 8 4 8 9 1
7 5 1 6 3 0 9 5 2 9 8 7 6 2 2
5 9 2 0 9 2 8 8 9 2 6 3 2 1 8
```

Number List

0011330530 3724587006
0917153643 5488204665
0962829254 6063155881
1941511609 6789259036
2138414695 7488152092

Number Search 5

```
7 0 0 9 3 8 7 7 3 2 6 1 9 5 9
6 9 3 8 2 5 4 3 7 5 2 3 6 2 5
4 2 9 8 3 7 4 1 4 7 5 0 2 1 6
8 6 8 8 3 3 1 0 3 3 5 9 7 1 2
8 3 4 7 0 4 8 0 1 4 9 6 4 1 4
7 3 9 5 3 7 4 1 1 6 1 7 9 0 0
6 2 0 7 8 4 4 0 9 8 0 9 5 8 6
2 7 5 9 2 1 9 4 3 3 0 6 6 8 0
3 2 2 2 2 2 1 0 6 3 2 0 7 1 8
0 5 6 2 5 1 1 5 9 2 1 6 3 5 9
7 7 0 2 3 1 8 9 0 7 3 2 1 8 1
2 5 6 8 9 5 1 6 8 1 4 7 2 1 6
7 8 1 4 7 4 5 2 1 4 3 9 9 3 7
5 8 9 3 6 0 5 3 3 1 6 9 0 1 7
0 1 1 2 6 5 9 2 2 6 7 0 2 5 2
3 5 5 6 5 9 1 9 5 9 5 7 5 6 0
3 1 1 3 4 1 8 5 3 4 3 9 9 5 3
4 7 8 7 3 2 8 2 5 9 1 6 8 3 5
3 0 9 1 6 2 0 5 0 6 1 4 4 6 1
9 4 3 2 9 6 3 2 9 7 9 1 7 2 6
```

Number List

1830119491
3092186117
3819326117
4330572703
4891227938

5188575272
6575959195
8074462379
9310511854
9627495673

Number Search 6

```
7 9 7 6 3 3 7 6 3 3 8 9 2 8 2
3 0 6 0 0 7 1 3 8 0 1 2 6 2 4
0 2 9 2 5 6 0 0 1 7 2 0 3 9 4
1 8 8 9 9 7 9 5 8 6 9 9 2 6 0
2 2 6 2 3 3 1 7 3 4 9 8 6 2 6
8 3 4 0 2 7 1 4 3 9 0 1 2 1 5
6 8 6 2 2 3 8 7 5 8 2 1 0 4 6
4 0 1 2 0 1 0 5 6 2 9 1 5 4 6
6 3 7 7 2 2 3 8 8 7 1 4 7 2 4
3 9 6 3 7 7 1 9 1 4 5 0 5 1 3
9 2 8 6 7 8 7 2 4 1 6 2 8 3 7
5 6 0 3 3 0 0 8 5 9 4 3 3 8 7
2 7 2 1 8 7 5 2 7 2 2 4 3 4 1
2 0 8 8 0 3 8 3 2 1 2 6 6 6 1
4 4 7 9 0 1 8 0 7 9 3 8 4 7 4
7 3 1 2 0 8 9 9 1 2 1 5 9 4 3
3 7 7 0 6 7 2 6 2 7 6 7 5 8 2
8 2 6 7 6 6 9 4 0 5 1 3 7 1 7
1 9 6 2 9 6 6 4 7 7 0 2 4 8 9
2 1 3 3 0 9 3 4 3 9 5 2 7 4 4
```

Number List

0860213949
2440656643
2983367336
3846748184
4639522473

6293176752
6766940513
7053921717
7190702179
8609437027

Number Search 7

```
5 3 5 0 3 0 1 4 8 7 1 1 6 0 6
8 5 1 7 3 8 7 7 2 4 1 9 7 4 0
4 9 0 9 9 8 4 2 5 7 9 2 1 4 9
2 7 2 8 3 3 9 2 9 7 3 1 4 8 0
1 6 4 0 8 7 6 2 2 2 6 4 6 2 6
5 7 6 5 0 3 7 3 9 8 8 6 5 6 9
2 1 2 5 5 0 8 8 6 3 6 8 4 4 8
2 5 0 6 1 1 5 4 8 8 9 4 9 8 7
7 1 0 1 0 2 2 6 9 5 6 4 5 7 7
7 8 7 6 9 0 6 2 8 4 3 0 8 5 5
8 8 1 8 6 3 4 5 4 1 1 9 5 4 7
3 0 6 7 3 6 4 6 7 9 2 0 3 0 2
7 9 4 2 3 7 5 7 9 5 5 7 0 2 2
7 8 6 9 5 6 5 4 4 8 7 3 6 1 8
5 0 0 1 9 8 3 1 7 4 5 7 4 2 0
9 7 0 3 7 0 8 7 2 2 2 7 9 3 4
3 7 3 7 0 2 0 6 1 8 9 7 6 4 0
3 7 2 6 7 5 4 8 5 7 4 1 2 1 8
8 1 7 4 0 8 1 1 1 4 8 4 6 9 8
1 3 2 5 3 4 6 4 6 2 5 7 7 8 6
```

Number List

1224953430 2146844090
1452635608 2757789609
1465495853 2778577134
1736371787 7105079227
2000568127 9689258923

Number Search 8

```
6 3 1 9 1 2 7 7 6 1 8 3 7 0 2
4 5 3 2 7 7 7 3 1 3 4 4 9 2 7
7 1 4 9 1 6 0 2 1 9 9 0 2 0 4
9 1 7 2 5 2 7 4 9 7 0 8 6 0 7
0 8 4 6 0 0 9 9 3 5 4 7 3 9 7
6 5 1 0 7 1 9 0 8 5 8 3 1 6 1
1 2 8 8 7 9 9 1 2 6 3 0 8 5 3
1 7 1 6 9 4 3 9 4 1 6 8 9 2 0
3 5 2 8 2 6 4 1 5 8 9 7 5 6 9
0 2 3 2 9 5 5 7 7 6 5 6 1 3 9
4 4 9 0 9 1 1 0 7 7 1 6 4 0 6
2 6 6 1 1 0 5 9 7 3 1 7 3 2 0
6 1 0 1 0 3 8 0 8 6 5 4 3 7 9
8 3 5 0 4 3 5 9 0 5 4 9 1 0 5
7 3 8 6 1 3 1 4 5 4 5 5 2 3 2
8 3 0 4 8 1 0 6 8 1 7 9 2 2 9
3 3 0 3 8 0 8 7 4 3 4 1 8 3 0
9 4 5 9 9 4 0 8 7 9 2 7 5 3 2
6 4 6 9 9 9 4 1 5 4 7 3 0 4 4
0 8 6 4 0 3 4 4 1 8 5 0 9 9 2
```

Number List

0518707211   3499999983
0864034418   5420199561
1059731732   7297804995
1212902196   7477130996
1598136297   8160963185

Number Search 9

```
4 7 1 0 7 1 3 2 1 6 0 1 6 2 2
9 7 3 8 8 1 1 3 9 1 6 2 5 9 5
8 2 5 6 1 3 0 0 0 1 0 1 7 1 2
8 0 2 4 2 7 2 6 4 1 2 2 3 8 5
3 8 7 4 3 7 4 7 7 9 3 1 6 2 5
2 0 3 8 0 9 6 4 3 5 6 6 1 9 5
3 5 8 4 0 7 7 0 8 8 9 6 4 5 6
8 5 3 0 5 8 6 4 4 3 3 5 1 3 5
7 9 1 5 3 4 3 8 6 8 8 7 4 7 8
0 0 8 9 3 0 0 2 7 0 7 8 1 8 7
5 3 9 8 6 8 2 8 0 4 5 8 8 3 5
6 7 0 3 8 4 1 2 8 0 0 7 5 8 3
7 4 1 9 5 0 2 4 4 5 9 4 5 7 3
6 1 0 4 8 3 5 5 2 8 4 3 4 5 2
1 9 3 8 0 5 0 7 2 0 1 9 6 2 0
0 6 6 4 3 5 5 8 9 2 6 8 5 8 8
2 6 8 8 7 1 8 3 2 9 3 1 8 8 1
6 7 7 5 0 6 7 7 8 7 6 0 7 5 1
1 7 5 1 2 0 1 9 8 1 4 9 8 1 5
6 0 3 8 4 7 9 1 4 7 9 9 5 2 5
```

Number List

1710100031 5346908302
3783875288 6425223082
3814206171 6587533208
5261931188 7766914730
5334468503 9502445945

Number Search 10

```
3 5 2 7 8 7 3 5 3 2 8 8 3 5 2
8 5 9 2 6 3 6 8 2 4 6 6 5 6 3
5 1 9 7 1 6 4 9 2 8 8 0 7 4 0
8 7 8 3 0 7 3 9 9 7 8 6 7 4 2
4 0 6 5 7 3 1 4 6 3 3 9 6 9 8
9 6 9 6 7 5 2 2 7 2 8 8 5 0 3
5 7 4 3 1 7 1 9 2 9 2 6 2 2 6
1 5 1 3 7 1 8 9 1 6 4 1 3 9 4
2 8 5 6 5 3 1 0 5 1 8 0 6 9 7
7 2 8 2 2 8 2 9 5 7 4 0 0 8 5
0 0 5 2 5 4 5 8 5 3 7 0 6 8 8
9 0 3 3 6 1 4 4 8 9 1 6 3 9 7
4 9 3 1 1 2 7 5 0 1 0 4 5 3 7
2 9 2 3 6 1 3 0 0 1 9 2 7 8 9
3 9 2 4 1 4 2 8 7 5 5 4 6 8 7
0 1 3 8 8 6 6 8 5 4 4 9 7 2 5
8 6 9 9 1 6 0 8 4 4 3 8 2 5 9
8 6 0 7 5 3 6 1 8 7 3 6 2 0 5
0 4 1 8 5 3 5 9 8 2 5 3 4 9 0
8 2 9 3 1 9 6 3 5 8 2 8 0 9 9
```

Number List

2171226806
3115956286
3598253490
3882353787
4287554687

5937519577
6130019278
7661119590
8185778053
9216420198

Number Search 11

```
5 5 9 1 0 3 0 3 2 8 6 4 2 5 8
5 2 2 9 7 9 9 3 0 8 7 4 4 8 7
0 3 8 4 7 4 6 3 1 6 8 4 5 1 7
8 0 1 4 6 3 4 4 9 6 4 2 0 4 5
7 4 8 9 6 0 2 4 4 4 3 2 4 0 0
1 0 3 1 0 2 6 7 7 5 5 2 6 9 9
0 1 1 1 5 0 3 7 8 6 6 3 5 4 2
7 0 5 5 5 3 7 2 9 8 9 4 5 2 8
8 6 3 7 8 5 4 7 9 3 6 7 8 4 4
7 5 3 0 0 3 5 9 3 2 0 5 3 5 1
4 4 8 8 8 0 5 1 7 4 6 6 9 4 6
8 8 1 7 9 1 2 5 8 8 9 1 6 3 1
0 5 8 1 9 8 2 0 7 3 2 0 8 9 6
1 8 2 2 4 5 2 9 6 2 3 4 3 6 9
7 6 7 9 9 2 0 3 8 2 4 5 6 0 1
1 0 9 0 8 4 3 4 1 6 6 4 8 9 7
8 5 8 3 6 6 5 1 2 1 0 3 2 9 0
3 3 1 5 6 3 9 7 6 3 3 2 4 8 8
9 3 1 3 4 0 2 2 7 1 4 6 7 0 6
6 8 5 6 8 0 8 0 6 3 8 6 8 3 9
```

Number List

0106548586
1533818279
2035301852
3278865936
4821339360
6104543266
6823030195
6923460348
9380952572
9644564856

Number Search 12

1	3	8	1	0	4	1	4	4	7	9	6	1	9	8
6	3	1	7	9	6	0	8	2	4	8	8	9	1	5
3	5	0	7	5	6	1	8	5	1	7	1	7	4	4
9	0	7	7	1	7	6	8	3	6	5	0	2	0	6
0	6	9	9	1	9	4	9	0	4	8	7	6	3	0
9	0	7	3	8	2	3	6	1	4	8	9	3	2	4
9	1	6	8	8	3	8	6	7	8	1	7	0	7	0
9	7	5	4	1	8	9	8	6	2	4	3	3	7	7
1	0	1	9	0	7	3	8	9	4	8	1	0	8	5
2	6	5	1	5	0	4	7	5	0	7	9	2	6	8
6	5	1	4	9	6	6	7	3	8	0	2	0	2	8
8	4	5	0	8	4	7	4	5	5	9	8	4	9	4
5	1	3	1	5	0	5	9	8	8	9	4	9	7	4
2	6	2	4	8	7	7	1	2	8	6	2	8	4	8
7	7	4	8	0	1	6	6	4	3	6	6	7	9	8
3	6	0	9	1	9	8	4	7	6	7	1	4	2	4
7	5	9	5	0	8	6	4	2	1	3	9	3	2	2
5	2	1	8	7	6	2	3	1	4	3	1	6	1	7
9	4	1	3	8	3	9	1	6	7	0	3	3	4	9
7	9	3	7	1	4	9	5	4	8	3	7	2	6	7

Number List

1747586642
2551818417
5679237964
5746728909
6313641549

6317960824
7295373883
7427466391
9140148958
9140327786

Number Search 13

```
5 5 5 9 1 8 7 2 7 4 1 1 4 2 9
2 4 2 1 4 5 5 3 3 8 6 7 4 8 6
9 0 1 2 9 0 5 1 2 8 1 8 0 6 2
8 5 5 9 9 1 9 4 9 8 9 8 7 4 0
3 5 5 1 6 5 0 3 7 4 6 9 9 5 7
3 1 3 1 9 4 7 1 4 6 4 4 4 2 1
6 4 6 0 5 5 8 3 2 3 1 9 7 4 1
7 7 8 7 1 8 4 0 5 9 5 6 3 4 7
3 0 3 5 1 9 4 8 8 5 2 7 8 0 1
3 7 4 0 2 9 2 6 1 2 8 3 9 6 8
6 1 4 8 8 4 1 0 4 2 9 5 4 5 3
1 3 3 7 5 4 3 2 8 4 4 8 4 6 0
1 7 6 7 0 6 8 1 5 7 0 1 7 6 1
0 2 2 8 6 9 3 3 7 3 1 7 3 4 1
4 3 8 8 0 5 3 9 8 4 5 1 4 3 9
8 7 3 3 3 0 2 4 2 9 2 8 6 9 4
7 7 1 8 5 4 1 9 1 4 3 2 2 4 9
5 8 6 4 1 9 8 4 0 6 2 8 5 4 1
2 5 4 9 7 9 9 4 3 3 2 3 5 5 2
2 8 1 6 1 9 2 3 9 8 2 8 9 3 8
```

Number List

0860213949
1049825146
1830119491
2440656643
2643744983

2983367336
4639522473
8182150921
8524317422
9239828938

Number Search 14

```
9 3 8 0 7 0 5 3 9 2 1 7 1 7 3
2 8 1 3 7 1 7 5 5 8 1 7 7 2 7
0 4 8 2 3 2 6 7 6 8 2 2 7 3 5
4 1 8 7 8 0 6 5 3 6 2 5 4 1 3
8 6 6 8 4 7 7 7 2 9 5 2 8 2 1
1 9 4 5 1 2 7 8 4 4 1 9 1 1 5
8 6 8 3 8 2 9 5 2 7 7 2 4 4 0
4 1 9 0 6 3 1 0 0 7 7 3 6 7 4
7 2 8 6 0 9 4 3 7 0 2 7 9 7 9
6 3 3 0 1 2 1 6 4 4 0 7 7 8 6
4 8 1 0 6 7 9 2 3 5 1 0 2 4 6
8 4 1 2 3 5 4 1 5 2 7 9 1 4 7
3 7 9 7 5 7 7 6 0 9 1 7 8 2 6
8 4 2 9 1 7 0 7 1 2 6 1 6 7 4
2 1 1 5 5 8 0 5 4 6 2 4 5 7 4
7 2 7 8 4 9 1 2 9 9 4 3 0 4 1
8 9 7 0 1 6 9 0 4 3 2 3 0 4 6
4 7 0 7 3 0 1 8 5 7 1 7 0 8 0
2 6 2 9 7 9 7 3 0 9 1 8 2 6 3
8 1 5 4 3 9 4 8 2 7 3 4 5 1 4
```

Number List

1452635608
2000568127
2757789609
2778577134
3846748184

6293176752
6766940513
7053921717
7190702179
8609437027

Number Search 15

```
3 6 0 4 0 1 0 7 8 9 5 4 7 0 5
6 0 2 1 1 5 0 1 7 0 5 4 4 7 3
2 3 1 7 2 7 1 1 2 3 8 3 8 6 6
1 2 2 4 9 5 3 4 3 0 6 8 0 8 5
6 1 8 1 5 1 2 6 0 7 2 2 0 8 5
4 3 7 6 2 7 9 0 3 4 0 8 0 2 3
9 3 8 0 2 8 2 0 7 1 6 0 6 1 1
7 8 7 1 7 3 6 3 7 1 7 6 0 0 4
3 6 7 3 1 6 6 0 4 0 6 6 7 6 6
3 3 8 3 7 8 6 8 7 8 5 4 6 1 5
7 9 2 7 2 7 9 0 9 7 6 4 4 8 4
7 3 6 4 0 1 6 8 2 7 0 4 3 4 9
3 4 3 2 5 8 7 5 2 4 4 0 5 7 5
9 8 7 2 0 4 8 6 7 0 6 8 8 8 8
8 8 3 3 8 0 8 7 4 4 0 3 7 7 5
3 7 1 0 5 0 7 9 2 2 2 6 9 4 3
2 1 4 6 8 4 4 0 9 0 4 0 4 3 0
3 0 2 3 6 8 9 3 7 3 1 3 7 7 8
5 6 8 4 9 5 2 6 9 8 4 2 1 6 5
3 8 1 4 4 8 6 2 9 9 8 1 1 4 9
```

Number List

1224953430
1465495853
1736371787
2146844090
3211727132

3432587524
3762790340
7105079222
7688210618
8000607643

Number Search 16

```
3 5 2 7 6 2 0 5 6 8 5 6 5 5 2
9 6 1 3 8 2 6 2 5 5 1 2 0 8 2
8 0 9 5 1 5 3 5 1 1 3 7 9 6 1
6 1 0 1 6 1 1 0 7 1 7 7 7 7 1
8 6 3 8 3 9 0 2 1 4 2 2 2 9 2
3 1 2 4 9 5 4 1 7 1 6 7 0 4 0
5 7 0 0 2 3 0 6 5 6 5 6 9 3 3
4 3 6 5 4 4 9 8 0 0 2 4 9 6 6
6 7 9 3 6 4 3 4 7 7 2 9 7 0 3
6 0 7 0 4 4 2 1 1 6 2 3 9 0 8
5 2 6 9 5 6 0 9 1 4 0 5 8 3 5
5 4 7 5 1 1 6 4 7 0 1 4 7 1 3
7 7 4 0 6 2 4 8 6 3 0 7 4 5 9
3 4 0 6 2 0 4 0 2 2 1 0 6 3 5
0 0 5 1 3 0 2 5 9 0 6 3 1 6 1
9 1 5 9 6 5 3 1 0 9 8 9 6 5 0
2 0 6 1 4 8 1 0 2 9 8 4 0 0 2
5 3 7 4 4 9 3 6 8 8 2 2 2 8 3
9 7 7 6 4 4 7 2 9 4 9 6 2 9 6
4 7 1 1 0 5 5 7 8 5 0 1 7 3 8
```

Number List

0104742073
1017057271
3763466820
4261440396
4711055785

5087604431
6531098965
6655730925
8539510236
9394141766

Number Search 17

```
0 9 6 1 9 8 7 5 8 4 9 3 3 1 2
2 3 8 8 1 2 3 5 4 0 0 5 7 7 5
4 7 3 4 3 4 6 9 2 9 6 7 8 2 3
7 4 1 4 2 9 2 0 9 5 5 5 1 7 8
0 6 6 3 8 8 8 6 4 3 2 0 8 1 9
7 5 5 9 2 8 0 1 3 2 0 7 4 7 9
8 4 3 7 7 5 5 7 8 4 9 8 1 6 7
5 0 1 5 7 9 7 0 9 9 1 8 6 3 9
5 2 7 1 4 9 5 3 3 4 7 0 4 6 3
8 0 6 5 0 0 2 5 5 4 4 6 7 2 0
1 4 7 9 2 2 1 8 1 1 6 8 4 6 3
0 3 3 8 1 1 6 9 9 6 7 7 4 1 5
0 7 9 1 8 8 3 6 7 6 0 7 0 4 5
7 2 5 8 1 6 6 9 5 1 4 8 0 6 8
2 5 7 5 8 0 1 2 6 3 1 8 4 3 5
9 6 4 4 9 8 1 2 0 7 6 6 1 1 6
6 3 4 7 3 2 8 8 1 5 4 8 8 1 3
8 5 4 6 7 8 9 5 6 0 6 3 5 4 2
1 1 3 6 5 7 6 8 6 7 6 9 7 0 4
4 8 5 8 6 8 0 3 9 6 2 6 5 7 9
```

Number List

1136576867
2691862056
3348850346
3606598764
4769312570

5324944166
5863566201
8039626579
8558100729
8611791045

Number Search 18

```
7  7  1  5  9  0  3  8  9  1  3  1  3  3  2
3  4  4  4  8  4  9  1  1  5  9  5  1  9  2
3  4  8  4  0  2  3  0  9  6  3  4  3  8  3
1  4  8  0  6  4  1  4  9  9  8  6  5  0  8
7  6  3  4  7  8  9  3  1  1  6  5  8  4  0
2  4  0  2  6  1  7  1  2  8  5  2  2  8  5
4  6  9  9  0  8  2  7  5  2  1  5  0  8  1
3  9  5  7  4  8  2  1  1  2  1  0  4  4  4
0  3  8  7  5  4  7  8  7  9  0  6  0  6  3
5  8  9  0  1  1  3  5  1  0  8  3  8  3  6
6  5  8  1  4  0  7  6  1  8  2  5  9  0  4
4  5  1  9  1  5  4  0  9  1  9  5  8  9  0
4  8  7  8  4  0  0  2  8  7  8  2  6  9  3
3  9  0  8  9  9  0  6  0  3  3  4  6  3  8
4  1  1  6  6  8  6  2  1  6  0  0  7  6  7
3  3  8  3  4  0  2  6  1  3  8  9  8  1  2
2  8  6  4  9  8  9  2  2  6  0  7  5  5  2
5  1  2  3  1  2  0  0  1  6  1  8  7  8  8
1  0  3  4  9  9  5  3  8  4  9  8  1  2  1
0  2  6  5  1  7  3  8  2  2  2  6  3  8  2
```

Number List

0001009636 5189822142
0463415083 6309936158
1042068772 9066812304
1139874367 9110021618
2430564434 9443697308

Number Search 19

```
4 2 7 1 4 1 9 3 5 5 9 8 5 7 5
1 9 3 0 4 4 9 5 7 2 1 0 1 8 3
1 3 8 9 1 8 9 9 3 9 4 0 7 4 9
8 0 4 3 4 6 7 6 4 3 7 7 2 6 8
6 6 0 1 7 8 4 8 8 4 6 0 5 0 0
5 1 7 6 7 5 0 8 7 7 0 7 0 3 2
9 8 4 3 2 1 8 6 2 0 2 1 6 8 7
1 7 1 9 8 5 5 2 5 7 3 9 9 3 7
7 0 8 0 1 4 8 0 9 2 6 2 1 7 2
6 5 1 9 0 2 6 2 0 6 0 9 3 1 4
6 6 3 2 8 6 2 5 8 0 7 4 8 2 5
9 1 3 4 6 6 7 3 6 9 2 0 2 5
4 4 8 9 8 3 9 4 4 2 6 0 3 8 8
0 0 4 1 6 9 5 8 4 8 8 5 8 5 6
2 5 1 4 0 9 9 9 2 9 9 8 1 1 6
0 2 6 0 9 7 4 9 5 1 9 4 0 5 9
4 0 4 2 0 3 3 1 1 3 3 4 9 5 0
6 6 1 1 5 5 0 9 2 0 7 7 7 5 5
1 8 9 5 2 2 1 3 9 7 3 0 5 3 5
9 8 0 0 4 9 8 3 6 2 8 6 6 2 7
```

Number List

1725069138
2491402150
3384164190
4042033113
4983758296

5024929170
5668285260
6013787975
8686090524
9147602360

Number Search 20

```
7 9 7 5 6 1 1 5 1 9 8 2 1 5 0
4 9 9 9 9 6 1 3 8 9 7 8 6 5 9
1 4 6 1 4 9 0 3 1 3 0 3 8 8 3
4 9 2 8 6 7 9 3 3 9 8 4 9 5 9
4 6 7 9 2 2 8 4 9 5 7 7 4 7 1
2 8 4 3 1 4 1 0 0 5 9 1 3 8 2
3 9 5 5 9 1 5 7 1 9 7 2 2 8 9
2 7 9 8 3 1 2 4 0 5 0 6 8 9 8
8 0 2 2 9 4 8 6 6 9 9 8 7 0 2
4 5 6 5 9 9 6 9 7 4 1 6 8 7 5
4 3 0 5 3 2 3 4 1 1 9 1 1 5 0
8 3 8 8 0 5 1 1 6 1 5 7 7 0 5
9 7 6 4 4 9 1 6 5 2 1 2 2 9 6
8 7 4 0 5 5 5 6 2 1 0 7 1 8 9
7 4 0 1 8 4 4 4 2 0 0 8 7 3 0
7 4 4 2 0 3 2 5 5 5 6 5 0 0 4
5 5 5 7 1 2 5 8 1 9 4 5 4 2 8
7 1 7 5 6 2 9 4 2 9 5 9 9 6 0
9 0 8 0 6 5 2 0 4 7 0 9 6 5 1
0 7 8 5 5 4 0 1 4 9 1 2 9 3 8
```

Number List

0244481047
2794645428
4482324414
5079869499
5082953311
5346462080
6509545959
6861727855
7514893867
8890750983

Number Search 21

```
8 6 8 1 8 9 8 1 5 7 1 6 0 8 5
8 1 3 9 6 9 3 4 5 8 0 0 2 5 2
6 6 2 7 4 2 4 5 9 4 9 6 2 2 5
6 2 1 5 0 2 9 6 3 3 9 9 3 2 6
1 3 4 6 8 7 2 0 1 7 1 4 4 5 4
7 6 6 7 4 4 6 1 8 3 9 4 9 3 0
5 0 9 6 1 7 7 6 9 0 7 9 0 9 6
9 7 1 9 1 6 3 3 0 3 5 8 7 2 1
9 8 3 3 1 5 9 6 8 1 0 9 9 7 3
2 5 5 0 0 4 0 7 4 4 0 5 7 8 8
9 8 6 0 9 2 6 6 9 5 6 9 5 6 8
2 3 1 1 6 7 4 7 6 1 7 1 5 7 9
8 6 5 1 6 5 1 0 9 9 0 1 2 8 8
0 1 4 4 6 5 8 6 7 9 5 3 8 7 4
3 6 9 3 0 6 0 4 0 0 9 2 7 7 1
2 0 3 1 2 9 8 4 8 8 2 4 0 1 2
6 3 5 8 6 8 3 4 1 1 1 1 7 2 8
1 5 3 3 8 2 4 9 1 8 1 0 1 7 4
5 8 7 0 6 9 5 5 5 9 6 1 9 8 9
9 9 2 5 6 0 1 1 0 0 9 6 4 6 9
```

Number List

0167113900 6370766010
0604009277 8175463746
4676783744 8583616035
4710181942 9555961989
4939319255 9848824012

Number Search 22

```
8 8 6 6 4 7 2 8 4 3 1 3 5 9 4
9 9 6 8 1 5 8 4 0 8 4 5 2 9 2
6 4 8 6 2 0 8 0 4 6 6 8 4 6 8
6 6 4 9 4 9 1 9 7 1 9 0 6 5 2
9 5 7 8 1 0 5 2 8 5 0 1 4 0 3
8 9 1 9 2 5 4 4 0 3 0 1 3 2 0
8 1 3 7 0 5 2 1 3 4 4 7 6 6 8
2 7 2 5 2 5 5 1 2 8 8 6 6 1 5
7 5 0 0 9 4 9 3 0 7 1 6 1 2 0
0 4 9 9 4 9 9 0 7 4 2 5 4 5 4
1 5 5 0 7 0 4 8 1 9 3 9 1 7 2
7 8 6 2 6 1 4 2 1 9 6 0 7 0 0
5 3 7 3 9 9 6 7 1 5 9 2 4 1 6
8 5 2 2 6 5 4 0 5 4 9 4 8 1 6
1 4 4 5 0 5 5 9 7 3 0 5 6 4 9
6 8 1 1 9 1 0 2 1 3 4 6 2 2 9
3 9 1 2 8 3 8 5 5 2 4 6 7 8 0
1 3 7 5 7 6 3 8 0 0 5 1 4 5 0
3 4 7 9 4 9 3 3 1 3 6 7 7 0 2
8 5 2 2 9 9 8 6 5 7 7 9 7 4 6
```

Number List

0404753464
2590694912
6208046684
6602405803
7521620569

7747268471
8150193511
8989152104
9331367702
9448255379

Number Search 23

4	5	2	4	4	0	8	7	6	1	0	1	9	4	3
8	2	3	3	2	9	3	6	3	2	6	7	6	3	9
2	9	6	6	1	3	1	0	6	8	6	2	7	1	3
5	2	2	6	6	8	5	4	5	8	5	7	4	6	4
9	8	3	7	4	9	5	5	1	1	2	9	8	5	1
1	9	7	0	1	7	7	3	8	9	3	7	5	1	0
8	4	4	5	2	0	7	2	2	7	9	6	5	2	1
4	6	6	6	1	3	5	7	2	3	6	2	8	8	0
8	7	9	6	9	7	0	4	8	9	3	4	7	5	3
7	1	4	3	9	0	0	6	3	6	9	4	0	2	4
4	0	7	1	2	5	7	4	7	5	6	3	2	6
8	7	2	9	2	9	6	3	3	3	7	9	2	6	4
6	4	3	1	8	7	3	2	2	5	3	6	2	4	5
4	6	0	2	1	4	7	8	9	0	7	4	1	3	0
6	0	9	8	8	9	7	5	2	7	0	6	7	6	7
0	4	2	5	2	6	9	5	7	4	6	5	3	7	5
4	7	2	5	3	3	8	2	4	3	0	0	6	8	4
9	9	2	8	6	1	8	2	9	7	4	5	7	3	5
4	1	6	4	5	2	3	9	8	4	0	2	9	5	2
7	8	5	5	5	5	0	4	6	6	1	3	1	2	9

Number List

0426992279
2164121992
2533824300
2861829745
3558764024

4586315030
6360093417
6782354781
7496473263
9141992726

Number Search 24

```
7 7 1 7 3 4 7 9 7 7 5 3 5 6 9
3 0 5 6 9 5 5 7 2 0 2 7 8 9 0
0 2 8 5 0 5 4 9 4 5 8 8 0 0 7
1 1 1 5 4 2 2 1 1 2 2 3 7 7 5
1 0 9 1 8 3 7 4 2 7 3 6 4 8 0
5 5 2 9 6 6 1 4 0 1 4 5 8 5 9
4 4 2 3 5 5 2 2 1 0 0 6 5 5 3
7 0 7 9 6 6 3 9 0 2 8 7 2 8 0
7 9 1 7 0 4 5 4 5 7 0 5 4 2 2
6 9 0 0 6 6 8 4 4 6 8 4 9 4 9
0 5 5 1 5 5 9 0 7 9 1 6 9 1 5
2 9 9 2 3 0 9 4 6 1 4 3 1 8 5
2 7 8 7 1 3 9 9 0 6 1 6 1 0 2
9 3 3 2 6 8 3 9 6 7 5 1 9 1 9
7 1 5 9 3 5 8 5 7 2 9 5 8 1 2
8 1 1 0 1 1 9 3 4 0 9 4 8 2 6
7 1 4 9 5 8 5 4 5 0 1 6 1 4 2
4 1 1 2 0 4 7 8 0 0 4 4 8 2 0
1 2 5 9 4 2 0 5 6 0 7 1 8 5 0
2 0 6 9 2 4 8 8 8 2 6 9 2 4 6
```

Number List

0236480665
3211653449
3479775356
4991198818
5570674983

5869269956
7509302955
8505494588
8720275596
9092721079

Number Search 25

```
8 6 4 6 0 3 6 1 3 6 7 7 5 6 4
2 1 1 1 2 9 9 5 0 7 5 3 9 0 9
5 6 9 9 3 8 4 4 9 0 4 9 6 1 0
1 5 0 5 7 1 1 0 2 6 6 0 9 1 6
5 3 5 3 0 3 9 6 0 0 2 0 8 6 7
7 2 6 5 8 8 5 7 4 1 4 5 2 6 2
5 7 0 2 2 7 0 6 6 7 6 0 4 0 4
7 6 7 7 4 4 4 8 8 0 0 1 5 7 7
1 7 6 2 2 7 9 3 4 5 3 6 4 5 6
4 4 1 3 7 7 0 3 1 1 4 1 0 3 8
8 1 4 5 0 9 3 8 0 0 2 8 5 0 2
1 2 5 0 0 1 3 1 9 7 2 2 2 2 1
8 3 2 1 1 1 4 8 1 6 6 8 8 7 3
1 2 4 4 6 7 5 2 0 8 3 3 6 5 8
5 9 9 1 6 1 3 8 7 0 7 6 5 2 1
0 3 1 4 4 7 2 2 3 3 0 5 2 5 4
9 7 9 4 1 6 5 1 5 4 2 6 8 5 7
8 2 2 6 1 2 3 7 1 9 6 5 7 8 6
3 1 7 9 4 8 6 9 4 8 5 5 9 2 7
4 6 4 5 3 6 6 4 1 6 2 4 8 1 3
```

Number List

1732172147
1973568548
4672890977
5181841757
5425278625

6145249192
6369807426
7235014144
7727938000
8164706001

Number Search 26

1	2	7	0	7	5	9	3	5	5	6	0	4	8	6
1	4	4	4	3	6	5	2	0	0	1	3	4	0	6
6	9	3	9	2	8	7	7	0	2	3	2	4	7	1
0	6	3	2	9	4	7	0	6	3	7	8	6	8	4
4	3	1	5	7	4	1	8	4	9	4	6	8	8	2
1	3	2	2	8	3	0	1	7	6	3	8	7	2	6
3	1	5	1	9	6	4	8	9	3	1	5	1	0	7
9	4	5	1	0	9	0	6	5	7	1	3	5	1	7
0	3	2	3	3	1	9	4	2	9	1	9	3	7	4
2	8	5	7	7	4	9	2	2	4	6	3	7	2	5
6	5	0	3	9	5	8	6	8	1	0	5	4	7	4
5	2	7	2	8	9	1	1	2	0	5	5	2	8	3
5	3	8	6	7	9	2	1	3	3	2	6	6	6	3
8	3	4	3	6	2	8	4	6	0	3	0	3	8	3
4	2	3	0	2	8	9	1	5	3	0	3	7	2	1
9	3	3	9	8	8	9	5	5	2	1	0	5	7	5
6	9	1	8	0	8	2	7	7	2	4	6	5	2	0
3	2	7	7	0	7	9	0	5	3	6	9	1	2	7
9	2	8	2	2	7	8	4	6	7	7	8	7	7	7
6	8	0	1	3	4	2	3	8	0	2	9	5	0	6

Number List

0739414333
1613611573
2725502542
4385233239
4547762416

5255213347
5741849468
6948556209
8625189835
9219222184

Number Search 27

```
4 9 6 8 7 9 5 4 4 9 8 8 3 6 3
9 1 8 3 1 9 9 9 7 4 5 8 5 2 6
9 9 7 5 7 6 3 5 4 3 3 6 9 9 8
0 5 8 4 1 9 6 6 4 4 1 9 2 1 1
4 0 3 9 8 2 4 7 8 2 8 6 4 7 4
6 6 2 8 8 7 5 7 9 5 0 5 0 3 6
0 8 4 4 0 8 5 1 0 7 4 5 9 8 7
6 0 6 7 8 8 5 8 2 1 6 1 5 8 3
4 0 6 3 0 8 2 2 0 5 3 9 4 1 6
6 6 8 6 9 6 4 0 0 4 2 1 7 7 0
2 4 0 8 1 0 9 8 3 9 4 0 8 2 4
4 2 4 6 6 5 7 6 3 5 7 6 5 7 8
4 0 9 2 7 2 3 2 7 9 1 7 8 1 8
7 1 8 5 6 8 8 7 6 7 1 7 9 5 1
9 9 8 5 1 2 6 7 0 0 9 1 6 0 5
9 3 6 7 3 0 4 9 4 6 0 1 6 5 3
3 8 8 3 7 8 6 3 6 0 5 1 8 1 1
1 0 3 1 3 9 1 8 2 9 4 4 4 3 6
2 6 1 5 3 0 3 3 9 0 2 2 3 3 9
1 6 3 7 8 0 7 0 9 4 0 6 1 9 3
```

Number List

0494601653
2512520511
2723279178
3883786360
4668049886

5688767179
6085784383
8145410095
8279679766
9506800642

Number Search 28

1	1	3	6	7	3	1	7	3	4	7	3	1	6	8
8	8	1	0	3	2	0	9	3	3	3	8	7	3	5
3	1	5	8	3	9	6	7	1	1	6	6	7	1	1
2	5	2	8	6	5	1	7	0	9	3	7	0	6	0
3	1	3	7	0	9	3	8	9	6	7	3	8	5	6
9	6	6	4	1	2	6	1	8	5	4	8	4	4	6
0	8	2	7	1	1	3	0	1	2	4	3	4	6	9
8	6	2	7	2	3	8	2	9	8	5	3	9	3	8
5	8	4	1	4	6	7	1	2	5	4	3	3	4	4
7	0	9	1	0	1	8	1	4	0	6	1	8	7	8
2	2	1	3	4	6	4	7	6	2	8	3	0	8	9
3	6	8	8	5	8	6	8	2	2	8	1	6	5	2
8	6	9	2	0	3	9	1	9	4	9	4	5	2	9
4	2	6	4	1	7	9	2	1	1	4	6	4	0	3
7	0	5	7	5	9	8	8	2	8	6	7	8	9	7
3	5	6	2	3	6	8	7	8	1	6	5	6	0	4
9	9	0	0	0	8	0	6	0	6	8	3	6	0	3
2	8	0	2	2	8	4	4	6	6	0	2	5	6	6
1	1	8	9	9	9	8	6	2	4	4	8	5	2	8
2	3	4	9	6	2	2	1	5	4	3	3	5	1	0

Number List

0471237137
0674427862
0841284886
1965285022
2039194945
2106611863
2694560424
4371917287
7392984896
8696095636

Number Search 29

```
0 3 7 9 8 3 5 2 5 9 5 7 0 7 4
6 6 6 0 2 4 1 3 6 7 4 7 8 8 7
8 1 0 2 0 3 2 3 7 0 9 0 9 8 7
1 9 6 7 2 2 1 0 9 8 8 0 8 3 7
1 9 2 3 6 3 4 3 2 6 0 4 2 7 2
7 4 4 2 8 9 3 5 5 9 2 5 0 3 4
1 3 4 6 8 1 8 8 5 5 4 0 0 5 2
9 1 1 4 8 2 3 7 0 1 6 1 9 5 0
2 8 2 5 2 2 2 0 3 2 8 2 7 4 4
4 2 9 6 6 0 6 3 4 6 6 5 3 2 4
5 9 2 4 8 9 3 3 2 9 6 0 6 2 1
6 0 5 7 6 6 7 5 0 4 8 0 1 8 9
4 2 8 3 3 5 1 8 6 6 0 0 2 9 0
7 6 4 8 5 6 7 7 8 8 1 9 2 2 4
4 4 5 1 8 7 7 6 9 3 3 5 6 7 3
4 9 3 0 6 6 8 2 4 1 2 3 7 1 1
7 4 7 7 4 4 1 7 6 0 9 0 4 8 2
3 7 9 3 4 6 9 0 5 2 7 3 9 7 9
4 7 6 8 4 6 9 3 3 7 1 8 8 6 1
5 3 7 3 9 6 2 4 1 3 8 9 1 8 5
```

Number List

0865832645
4677646575
5224894077
7396241389
7802759009

9465764078
9512694683
9825822620
9835259570
9958133904

Number Search 30

```
2 4 7 3 2 1 0 5 3 7 7 6 5 4 5
4 9 6 5 3 0 5 0 6 8 2 0 3 2 3
1 3 0 0 6 5 5 3 7 9 8 5 3 7 1
6 4 3 4 1 5 6 9 9 3 9 4 6 8 2
0 0 2 0 2 6 3 1 7 4 8 5 3 0 5
9 5 1 4 9 9 9 0 2 1 1 2 9 3 9
6 8 6 0 5 9 4 6 6 7 7 6 4 8 7
0 3 9 8 8 6 3 5 6 3 2 3 4 3 9
6 0 6 6 5 1 8 8 9 8 3 6 3 3 5
8 8 4 8 1 7 0 0 7 8 4 7 7 6 6
0 4 6 2 3 5 5 4 6 0 7 4 4 8 5
8 5 1 3 4 2 9 6 9 1 1 1 5 2 5
9 5 5 1 9 1 9 1 5 2 8 0 3 8 6
3 2 1 5 7 4 9 4 1 8 1 6 2 1 2
7 9 6 6 7 0 2 8 5 2 9 2 2 3 1
2 0 2 8 8 5 3 0 0 5 4 8 6 2 0
9 2 5 9 2 1 0 7 7 0 3 4 6 8 3
2 0 2 6 0 1 1 7 7 5 3 8 4 6 9
2 4 9 9 0 9 0 2 6 4 0 1 0 2 3
1 4 3 9 5 9 3 6 6 9 5 8 8 5 0
```

Number List

1429809190
2169646151
2671947826
3639443745
4939965143

4962524517
5305068203
6592509372
8482601476
9909026401

Number Search 31

```
4 0 1 3 4 9 5 9 3 5 2 5 1 5 2
6 4 8 2 4 5 1 7 6 8 8 9 1 9 7
5 8 9 9 8 2 8 1 3 9 5 0 9 7 4
3 6 5 5 6 3 7 1 3 5 1 7 3 2 9
4 9 7 8 7 4 8 7 0 0 2 1 0 5 1
6 5 2 1 8 6 1 8 4 5 4 0 4 3 8
0 6 9 5 4 6 3 7 2 1 2 2 9 9 3
1 0 9 8 9 8 4 4 7 8 5 3 8 1 1
4 6 2 2 9 6 6 2 6 2 4 5 7 1 8
3 9 7 6 1 8 9 9 9 9 9 8 9 8 1
8 8 8 7 0 8 5 5 8 5 3 9 0 9 6
0 4 6 2 2 7 5 6 8 8 4 4 6 8 1
1 0 1 2 0 8 8 5 5 6 1 1 9 3
2 7 3 8 7 3 7 8 7 1 6 1 3 7 9
6 6 2 2 8 9 9 9 6 0 7 3 4 4 9
6 2 5 6 5 0 2 5 2 5 6 4 8 4 1
3 3 8 0 7 7 4 6 1 8 0 9 4 9 2
1 6 1 5 7 2 5 9 5 6 3 2 5 6 6
3 4 7 9 8 8 9 3 0 1 6 1 7 5 3
1 4 5 9 4 2 6 7 0 7 9 1 1 2 9
```

Number List

2774155991
4105978859
5395943104
5709858387
5977297549

6868386894
8559252459
8930161753
9284681382
9972524680

Number Search 32

```
7 4 4 6 9 5 8 4 8 6 5 2 5 7 5
6 1 7 9 6 9 7 7 5 6 0 6 5 8 7
4 4 4 2 8 3 1 2 0 4 6 1 2 1 7
9 3 9 2 6 0 8 5 7 2 0 0 2 2 5
9 5 4 0 9 2 4 4 4 1 9 1 3 4 6
9 9 8 9 6 7 5 3 2 9 8 3 0 4 6
9 9 1 1 9 6 9 8 1 9 8 6 3 3 1
6 7 6 9 1 8 8 4 5 0 4 5 6 6 1
5 7 2 0 8 6 7 3 2 6 0 4 1 2 2
1 0 4 1 1 5 2 9 6 2 0 9 6 7 2
7 0 8 8 2 3 7 0 4 6 2 7 4 6 2
7 9 8 7 8 9 3 4 7 8 3 6 8 0 6
9 6 1 6 2 3 6 5 1 4 9 2 1 4 3
7 5 6 8 4 4 4 1 8 8 0 7 2 7 7
0 1 2 0 9 3 1 2 6 1 7 9 5 7 6
8 5 2 4 4 2 4 4 1 0 6 8 3 1 3
8 5 9 2 4 2 0 4 2 5 8 3 0 9 8
7 1 5 3 9 5 6 2 3 5 0 9 4 6 3
5 3 1 1 2 9 5 7 7 9 7 8 4 4 3
2 5 1 9 1 7 5 6 1 2 3 9 0 7 2
```

Number List

0805124388
1296160894
1365497627
1435997700
3836736222

4390451244
4469584865
6260991246
8079771569
8459872736

Number Search 33

4	3	9	8	4	6	3	5	9	6	1	7	6	3	3
0	2	8	4	8	8	6	4	8	1	5	6	3	1	8
9	5	3	1	0	6	8	0	0	3	3	7	5	4	9
8	4	2	2	0	7	2	2	2	5	8	5	2	5	1
9	9	3	2	9	7	9	9	6	9	7	8	4	4	5
3	2	5	0	5	8	3	1	2	5	2	5	9	8	8
2	5	5	0	4	4	1	6	9	4	8	6	8	5	5
8	0	8	4	8	6	9	8	3	8	3	1	3	9	4
7	0	0	4	5	5	6	9	4	5	5	7	3	3	8
2	2	1	8	8	5	9	5	5	4	0	9	1	9	8
7	7	9	6	3	4	6	1	8	4	4	8	8	9	8
6	1	6	5	8	7	0	8	1	4	6	8	2	4	8
6	1	1	7	7	4	5	6	3	2	1	4	5	1	2
5	7	5	2	6	1	2	4	3	2	5	6	6	2	8
7	0	8	2	0	4	5	7	8	5	0	6	5	8	0
2	4	6	6	8	2	7	1	3	2	3	8	7	1	3
5	9	0	1	1	4	0	6	8	9	8	2	6	9	8
1	8	2	9	2	0	9	5	2	0	4	8	2	7	3
8	7	1	7	9	8	0	8	0	2	4	2	6	5	4
3	8	5	3	3	6	8	4	0	5	5	3	8	6	1

Number List

0168427394

2848864815

4169486855

4220722258

5225499546

5226746767

5848406353

6672782398

8456028506

8895252138

Number Search 34

```
7 7 4 5 6 4 9 8 0 3 9 4 0 3 5
0 5 5 8 8 2 2 5 2 0 4 9 0 3 0
5 3 1 0 6 9 8 8 7 1 7 7 4 4 2
6 0 7 1 3 0 8 9 1 3 5 4 2 3 6
4 7 2 5 3 1 0 4 4 7 6 9 6 3 7
5 8 6 5 9 1 7 4 3 2 4 1 1 2 5
0 5 1 8 9 7 4 9 6 0 6 7 0 5 1
8 7 9 7 5 6 6 9 1 3 6 8 6 7 2
3 7 9 3 5 7 4 9 6 0 2 5 6 6 5
5 7 1 7 6 4 8 8 8 6 2 7 4 9 8
4 1 7 2 1 3 2 4 5 9 2 6 6 5 7
8 6 5 7 5 0 4 4 2 9 1 8 2 6 4
8 0 1 5 6 0 8 5 7 1 0 0 2 9 8
6 5 0 4 2 4 2 9 6 0 0 3 8 0 5
2 2 2 6 1 2 3 9 3 8 2 9 3 1 8
3 3 0 7 0 6 5 3 9 1 1 2 9 5 1
0 7 9 1 7 6 6 2 1 8 4 9 8 4 8
5 6 6 1 5 6 8 7 5 0 8 9 5 9 2
1 9 4 4 7 7 9 4 3 1 5 2 8 5 5
5 8 6 5 1 5 9 4 0 1 4 0 7 9 6
```

Number List

0940252288
1507606947
1743241125
3548862305
5593634568

5669136867
6456596116
7745649803
7971089314
9451096596

Number Search 35

```
2 3 6 9 8 0 8 9 1 9 2 8 2 9 8
1 9 0 0 9 0 4 9 2 3 4 8 0 4 0
2 1 1 9 5 3 0 2 5 3 6 6 0 8 7
9 5 0 4 9 8 2 8 7 9 7 1 6 1 0
4 4 1 1 2 8 5 6 7 4 6 8 5 6 2
5 1 5 7 0 7 6 5 7 8 2 3 7 5 7
4 6 0 9 7 5 4 8 2 9 5 5 1 3 5
0 5 3 0 2 8 0 9 7 8 9 5 1 1 6
2 6 3 0 1 2 9 1 1 8 7 7 2 2 5
2 4 0 9 9 8 6 2 5 6 8 6 7 9 5
8 9 7 1 9 8 0 2 6 2 6 6 6 7 4
7 0 3 4 3 6 6 1 4 3 6 5 5 8 9
4 1 8 5 1 1 4 9 6 5 7 1 0 4 7
8 7 3 5 3 4 3 3 8 1 6 3 9 8 8
9 7 2 8 2 8 9 7 9 9 8 9 0 2 1
4 7 1 5 5 3 6 4 6 9 4 4 1 1 8
0 1 9 8 9 5 8 5 0 2 5 0 4 0 9
5 9 9 9 1 2 9 7 2 0 1 5 2 6 7
6 3 2 2 8 4 5 2 9 2 9 8 6 2 4
0 6 0 1 5 2 9 2 8 6 6 5 6 7 1
```

Number List

1782493858
2287489405
3129784821
6010150330
6554978189

6759852613
6829989487
8617928680
9009714909
9208747609

Number Search 36

2	5	1	5	4	1	4	6	9	7	3	7	3	2	9
8	2	1	9	4	1	0	5	1	1	4	1	3	5	4
4	7	5	0	3	3	0	7	1	8	3	2	7	1	0
1	0	7	2	3	3	0	1	7	6	3	2	0	4	2
5	6	1	5	7	5	7	6	4	6	2	6	5	3	9
4	8	1	5	8	0	1	6	7	8	8	5	3	2	5
8	1	6	4	6	4	9	0	7	1	3	8	4	5	2
4	2	9	1	0	4	5	6	5	7	2	8	2	1	9
8	6	0	9	0	1	8	1	5	6	1	0	2	5	1
8	0	3	6	9	5	3	0	5	1	7	4	3	3	7
4	2	6	4	6	9	7	2	1	5	0	8	2	5	8
6	8	8	2	3	4	2	7	3	7	9	5	8	0	8
4	5	5	1	2	2	9	4	2	1	9	2	3	8	3
4	9	3	9	2	3	6	4	3	3	3	9	6	6	9
1	6	0	8	5	3	1	4	7	2	9	7	2	6	0
3	3	7	6	8	0	4	5	7	8	5	1	9	6	7
4	1	8	8	4	5	3	3	2	3	3	3	4	3	4
8	6	5	6	8	7	6	8	2	2	8	8	3	9	9
1	7	5	1	3	4	2	7	1	6	6	1	0	8	9
8	7	8	0	5	4	2	8	5	8	4	4	4	7	4

Number List

1051141354
1342716610
2265880485
3746234364
4775551323

5428584447
7357395231
7564014270
7964145152
9526586782

Number Search 37

2	6	2	1	0	2	2	5	8	3	4	8	6	8	9
1	3	2	4	5	7	1	7	1	7	3	1	0	6	5
4	0	2	2	1	9	0	3	9	5	2	4	2	5	7
1	5	4	6	9	9	0	6	5	3	6	3	8	6	8
1	7	7	9	9	0	3	2	0	9	3	3	8	5	6
3	7	8	6	7	1	4	4	7	2	6	3	1	8	3
6	0	0	3	5	4	5	2	1	9	5	9	0	8	1
3	7	8	5	8	6	3	4	5	0	9	9	5	1	4
5	0	8	4	7	8	4	8	9	6	8	3	7	3	0
0	6	1	5	7	5	3	5	3	0	0	3	4	4	6
8	6	4	1	7	9	0	6	3	6	0	5	9	4	3
7	1	9	1	7	1	4	3	2	3	7	0	8	0	6
0	9	3	0	3	7	4	2	0	0	7	3	1	8	9
2	9	1	9	8	3	8	7	4	4	7	8	6	9	9
1	8	8	4	5	0	2	4	1	8	4	2	8	3	5
6	2	6	0	9	3	5	8	7	5	0	6	5	0	7
3	1	1	7	8	1	7	3	9	4	8	9	5	3	8
4	5	2	1	8	9	5	9	6	6	0	2	3	1	7
5	7	4	5	7	2	4	5	1	6	3	5	2	4	2
4	2	5	9	2	4	4	1	3	2	1	5	1	2	7

Number List

0145765403
0374200731
0578539062
0847848968
1983874478

2135969536
2314429524
3321445713
5902799344
8493718711

Number Search 38

1	1	9	4	0	0	5	3	7	0	6	1	4	6	7
8	0	6	7	4	9	1	9	2	7	6	2	4	1	3
2	9	3	9	7	9	1	1	9	1	8	3	4	0	4
9	4	5	5	8	3	8	7	6	0	7	4	4	5	9
1	7	8	6	3	6	2	8	7	6	5	4	5	8	7
8	2	8	5	4	2	8	3	9	3	6	7	7	4	9
5	3	3	2	1	5	4	7	3	4	6	0	8	2	3
1	6	4	8	4	8	3	8	5	9	9	9	2	3	7
9	6	3	1	2	4	1	1	1	8	1	4	2	7
8	5	2	5	8	9	9	4	9	2	9	3	3	5	4
0	9	7	5	2	0	1	5	5	1	9	4	6	4	8
9	8	4	3	3	6	0	7	5	3	7	3	3	4	7
1	5	1	1	0	4	4	2	4	2	1	8	1	5	5
0	3	1	2	0	3	8	1	7	3	2	3	3	8	9
0	8	5	7	6	0	4	4	9	9	9	3	7	8	5
5	9	0	1	0	2	8	3	8	3	1	9	0	4	8
3	0	1	7	7	1	1	8	8	7	8	5	1	5	0
9	4	4	0	6	8	2	0	2	8	1	1	1	4	2
4	9	6	2	2	4	2	4	2	7	7	8	2	3	0
3	8	8	5	9	5	9	2	5	0	2	4	2	5	4

Number List

0053706146
0643021845
0643745123
3191048481
6342875444

7181921799
8067491927
8191197939
8687519435
9520614196

Number Search 39

```
9 8 8 3 2 5 2 0 0 0 8 1 5 9 2
3 8 0 7 9 3 2 7 1 4 9 6 0 0 3
0 1 7 5 3 5 8 3 8 6 7 3 2 1 8
1 6 3 3 6 0 6 9 1 9 4 3 1 7 4
4 9 5 3 1 1 4 1 4 6 8 2 7 1 4
2 9 1 0 2 0 2 5 8 3 0 1 5 2 7
0 5 0 2 9 2 2 4 5 1 5 3 2 5 1
9 7 3 0 3 0 5 4 1 6 4 3 8 2 6
3 7 7 6 8 1 7 3 3 4 8 6 6 8 6
7 1 0 0 4 3 9 7 5 1 0 3 7 7 1
8 8 9 2 5 8 3 7 9 0 3 0 4 5 2
7 5 8 1 6 2 2 5 5 6 0 8 9 2 9
6 4 9 4 2 3 1 9 6 1 6 5 0 7 9
7 2 7 9 3 0 9 5 8 0 5 5 1 9 5
6 3 0 0 1 5 6 5 6 8 5 5 1 1 4
9 8 6 9 4 0 2 6 7 6 3 2 1 0 2
9 4 3 3 5 5 4 3 4 2 6 6 3 3 9
1 8 2 2 5 7 1 1 2 3 5 9 4 9 9
9 9 2 1 7 2 5 8 5 8 9 0 1 5 6
1 3 7 5 6 9 5 3 2 3 9 9 4 4 0
```

Number List

1426912397
4894090718
5231603881
5679452080
6213785595

6494231961
9301420937
9514655022
9561814675
9839101591

Number Search 40

8	2	9	2	3	8	1	4	3	9	8	2	9	6	4
1	5	2	7	6	0	4	5	5	9	0	0	0	4	9
6	4	8	1	4	4	7	6	5	5	9	3	8	1	2
4	1	6	3	8	2	6	6	6	0	8	5	1	2	1
7	7	8	2	7	2	6	7	5	5	3	9	0	0	4
3	7	8	7	6	4	5	1	5	9	2	2	8	4	7
7	5	3	2	1	6	0	6	3	7	0	3	7	9	5
8	9	4	4	9	6	3	7	2	0	8	9	6	5	8
5	4	5	9	5	6	2	8	4	5	4	0	1	4	7
0	0	2	2	2	4	9	9	9	1	9	2	4	2	1
6	5	8	0	2	9	9	9	0	3	4	9	9	6	0
0	7	5	7	6	5	0	2	0	1	7	6	9	8	3
2	6	0	7	7	0	5	3	0	8	4	7	2	2	8
0	7	7	3	7	2	8	5	0	2	9	8	8	2	8
9	9	3	4	9	0	1	5	5	5	4	1	9	7	0
6	9	2	6	2	6	8	3	8	3	0	5	5	5	3
2	7	5	7	6	1	9	9	3	2	1	0	2	2	6
9	8	1	2	6	1	4	2	9	5	8	4	9	9	5
3	3	8	4	0	3	0	6	8	0	3	8	4	4	0
7	8	5	4	2	2	4	2	3	5	3	9	6	1	6

Number List

0306803844
0830390697
2182562599
2520149744
2850732518

6054146659
6615014215
6638937787
7734549202
9207734672

Number Search 41

```
6 0 4 0 9 5 4 1 7 5 2 5 0 4 3
5 3 3 0 8 4 7 5 2 2 0 4 1 5 6
0 5 0 4 1 8 3 9 7 3 6 3 2 0 8
4 0 3 0 3 2 8 8 7 0 5 2 1 8 5
1 2 4 6 5 8 7 9 6 9 9 8 1 4 2
3 3 2 3 1 1 8 7 1 6 0 2 3 7 6
1 3 2 3 1 2 4 6 4 5 7 6 4 9 2
0 5 6 2 4 1 8 6 5 2 5 5 2 0
4 2 1 6 6 2 7 0 8 8 9 8 7 4 1
8 1 4 3 1 6 0 0 6 9 1 5 3 4 8
6 8 7 1 6 1 7 2 9 4 0 9 1 3 9
3 6 5 5 4 1 6 1 6 1 0 6 6 7 1
3 6 6 8 2 9 1 0 2 6 8 3 4 9 6
1 6 4 0 7 2 7 3 4 9 7 8 6 7 0
7 7 6 5 0 9 4 4 9 4 7 1 0 6 2
3 3 0 4 8 2 5 6 7 0 1 7 5 4 3
4 2 7 2 9 6 1 5 4 0 8 0 5 8 3
0 7 0 5 5 5 3 3 4 2 5 8 7 7 1
8 1 5 5 1 6 6 2 2 0 7 7 2 6 2
4 8 0 6 4 9 6 5 1 4 5 3 9 7 8
```

Number List

0486331734
0579626856
1005508106
1028970641
3408819071

4052571459
6357473638
6496514539
6587969981
6660021324

Number Search 42

```
9 9 6 2 6 8 4 1 8 9 3 8 4 1 3
9 8 3 8 6 3 2 9 4 4 3 7 7 0 6
0 7 0 1 2 6 1 8 8 9 6 5 7 3 8
8 1 5 7 7 5 9 5 1 5 6 7 7 1 5
3 4 3 7 8 1 2 4 9 5 3 6 7 0 6
2 8 7 4 3 4 2 1 3 2 2 7 9 6 6
7 6 5 8 4 1 0 5 4 5 0 6 2 1 9
2 6 8 4 6 6 2 0 8 2 5 8 9 5 4
0 6 0 5 1 9 8 5 8 6 0 1 6 9 3
2 1 1 3 2 2 9 1 1 4 1 7 2 3 1
1 7 3 2 9 1 3 3 3 4 5 8 0 3 0
7 3 6 9 9 3 6 9 6 2 7 2 1 1 7
9 1 7 2 5 1 0 8 5 0 4 1 6 5 8
0 0 8 8 6 3 6 2 1 0 0 8 2 5 7
1 9 5 1 9 5 3 0 0 6 5 7 7 0 2
1 7 5 9 2 2 2 7 6 4 2 0 0 3 9
0 3 0 1 7 8 7 8 5 4 6 4 5 3 0
4 4 3 8 2 5 6 4 4 5 6 5 1 3 4
3 0 2 9 1 7 4 8 5 1 3 1 2 6 9
0 6 3 2 0 9 5 2 6 1 7 7 7 3 7
```

Number List

2305587631 5770042033
2618612586 6280439039
3125147120 7595156771
4011097120 7635942187
5329281918 7869936007

Number Search 43

```
3 7 9 9 3 2 7 9 1 8 4 0 6 4 7
4 5 9 0 5 1 8 0 4 7 2 3 2 4 3
5 2 3 5 2 3 0 9 6 7 2 7 3 4 2
0 6 7 8 0 0 1 1 4 4 2 8 5 6 1
0 0 2 3 9 4 7 5 0 1 9 2 1 0 5
7 8 0 2 3 1 5 2 6 8 8 1 9 9 7
2 1 7 2 5 8 0 8 9 6 7 6 2 2 9
2 9 5 2 3 0 6 0 7 6 8 7 3 8 1
9 2 3 8 9 3 6 1 5 4 5 6 5 7 9
1 8 5 7 6 4 4 7 0 6 0 9 5 7 8
0 8 0 1 8 4 1 2 1 8 8 7 8 7 9
9 4 6 8 9 9 1 7 4 9 8 4 6 9 1
8 8 7 9 0 2 7 1 7 6 5 7 3 8 6
1 4 1 3 4 3 5 1 4 6 7 2 2 6 6
6 1 2 9 2 2 2 7 5 9 6 0 7 2 5
5 4 7 7 0 1 9 8 8 7 5 8 9 5 3
1 7 4 6 1 4 4 7 7 1 9 6 9 6 8
1 6 8 9 3 7 6 9 3 6 7 6 4 0 5
0 4 9 5 5 0 3 8 1 1 9 5 2 6 2
9 7 3 4 9 7 6 8 7 8 1 5 5 3 3
```

Number List

0917567116
3506712748
3520935396
4148488291
5270695722

5832228718
6447060957
7229109816
7321579198
9091528017

Number Search 44

```
9 2 8 1 7 0 9 6 8 7 2 1 3 6 9
2 6 7 2 3 3 0 0 4 3 4 4 1 1 2
8 6 3 1 0 1 5 6 8 5 2 5 5 8 6
4 0 6 8 9 9 8 0 7 9 6 8 6 8 9
3 6 7 9 4 5 1 7 7 5 6 2 8 7 7
1 8 1 7 4 2 5 4 5 3 1 8 0 6 4
9 4 5 6 1 5 6 6 4 0 2 0 7 1 0
5 5 3 5 5 8 3 7 4 4 6 2 3 0 2
3 8 2 7 0 7 6 8 4 7 2 1 1 3 1
1 7 1 2 6 6 5 1 3 4 3 1 2 9 4
5 6 5 3 1 5 0 1 9 7 0 1 6 5 2
3 7 7 1 8 2 7 4 8 9 9 5 6 1 5
8 1 9 6 9 8 7 6 6 4 2 3 4 4 9
2 1 1 7 1 5 8 6 1 1 5 1 5 4 7
5 1 5 9 5 0 4 0 0 8 3 0 6 8 5
9 3 1 2 2 5 2 2 5 0 5 4 0 1 6
1 6 3 8 6 5 8 5 1 6 3 9 8 7 5
5 9 6 7 7 6 1 1 4 3 8 9 1 2 9
1 9 9 7 4 2 7 7 8 1 4 6 8 7 4
1 0 8 3 9 6 6 1 6 4 6 8 2 3 3
```

Number List

0067510334
1437657618
3150197016
5151168517
5725121083

5791513698
6711031412
6711136990
8209144421
8658516398

Number Search 45

```
4 4 2 7 1 2 2 4 3 4 9 2 1 5 8
1 6 3 9 7 1 5 7 9 6 5 5 8 1 9
2 0 4 6 7 5 2 5 9 0 4 0 1 1 0
6 8 4 4 2 2 8 0 2 7 8 1 5 7 6
6 1 3 4 7 9 4 5 7 5 5 6 0 1 9
0 7 3 4 5 5 7 6 4 8 8 0 4 3 9
2 6 4 6 4 8 3 5 3 9 7 9 2 0 8
7 4 0 2 3 9 1 4 3 8 9 6 8 6 2
4 7 6 0 2 8 0 6 5 0 1 4 9 6 3
6 9 0 8 4 9 3 5 2 3 2 8 4 8 8
3 1 7 9 5 9 1 3 6 2 8 6 9 4 7
6 8 8 2 8 0 8 3 2 0 3 6 0 3 3
8 5 3 4 4 9 6 9 5 1 3 9 2 8 4
7 3 8 8 3 4 3 6 4 2 1 9 8 2 5
6 5 7 8 3 4 5 7 1 8 6 0 3 3 5
8 8 5 4 1 5 7 3 2 4 3 5 6 2 5
8 6 1 0 1 2 2 9 8 0 5 0 7 8 6
5 0 6 5 3 9 9 0 0 6 5 2 8 6 7
7 1 3 8 3 7 8 5 9 3 0 1 0 3 4
1 2 7 4 7 0 9 1 5 4 8 1 4 1 9
```

Number List

2046752590
2833163550
3089857064
3515565088
4909989859

7091548141
7647918535
8932261854
8963213293
9823873455

Number Search 46

0	9	5	6	1	6	4	9	5	8	9	4	5	6	4
1	7	9	5	7	5	7	3	2	6	5	4	8	9	3
5	4	1	7	9	5	3	4	1	5	1	6	3	7	7
2	6	6	6	3	9	2	6	1	0	0	1	1	0	1
4	3	7	2	8	2	8	9	0	5	9	2	3	0	7
1	6	3	6	8	1	4	8	2	7	8	1	1	3	8
9	6	1	6	6	3	1	9	2	3	3	2	7	5	2
4	7	3	0	1	2	1	5	6	9	3	6	5	4	3
4	3	7	2	2	2	8	4	7	2	3	2	7	1	9
5	0	7	8	3	7	2	1	0	7	9	6	5	2	1
3	6	4	5	2	0	2	1	1	9	3	4	9	3	1
6	6	4	4	6	0	2	8	0	3	9	8	8	3	9
4	1	3	8	8	3	0	3	3	0	6	9	8	2	3
7	4	3	4	2	2	4	9	3	3	5	6	4	6	2
9	5	4	2	7	9	8	1	7	6	5	1	4	0	5
9	3	5	0	9	0	0	3	9	5	7	7	2	9	9
3	0	9	1	2	5	2	3	0	0	7	7	7	7	4
7	4	8	7	8	9	1	8	9	3	2	5	5	2	1
4	4	1	0	6	7	1	6	4	0	8	6	9	9	5
7	2	1	8	9	9	5	4	5	1	4	2	0	3	3

Number List

2332609729
2828905923
4488957571
5732654893
6371802709

6549859461
8199430992
8239119325
9712084433
9746366730

Number Search 47

```
8 9 7 1 2 5 9 6 6 5 5 2 4 5 0
2 0 2 0 6 4 8 9 4 4 1 0 5 7 5
1 2 6 6 5 7 4 3 2 2 3 9 1 3 2
1 9 1 2 5 9 9 2 6 0 0 6 4 8 9
2 4 4 7 2 4 9 4 2 0 9 0 4 6 6
0 8 8 2 4 6 4 3 2 9 4 0 1 5 1
1 0 9 1 2 0 0 3 8 7 2 1 8 7 7
9 1 7 1 6 3 3 9 7 1 1 1 4 5 2
1 5 7 2 8 0 6 0 0 7 8 1 6 2 6
3 9 8 8 1 6 4 2 7 8 3 0 1 6 8
0 0 3 2 9 4 1 9 0 0 1 9 5 7 7
7 1 5 9 4 1 7 6 5 6 7 6 0 4 6
0 2 6 8 7 9 0 3 1 7 7 4 3 8 2
5 3 7 8 3 8 0 8 7 2 9 4 6 4 1
1 8 8 8 8 8 0 3 3 4 5 0 4 9 1
6 6 9 1 1 8 3 1 7 0 0 2 3 5 0
8 3 7 7 5 9 9 3 8 5 3 3 0 7 1
0 2 1 2 5 2 7 8 1 9 8 3 9 0 1
6 1 9 8 0 0 3 4 8 3 1 9 0 5 0
9 7 1 4 4 7 3 4 2 5 8 9 7 2 0
```

Number List

0291327656
1388303203
1809377344
2033038019
2112019130

4030707469
5836041428
7621101100
8249037589
8524374417

Number Search 48

```
8 3 4 9 3 6 0 3 9 0 4 7 2 1 7
3 0 1 7 5 4 3 7 5 4 9 2 5 2 2
1 9 1 2 4 4 3 3 8 3 8 9 3 8 5
2 7 5 4 3 2 2 3 0 3 7 8 4 0 3
0 7 9 2 3 5 1 7 4 4 9 4 6 2 4
5 0 6 5 0 4 5 3 8 2 6 7 9 3 9
7 5 6 6 2 5 2 2 1 7 6 6 3 5 4
6 8 1 4 0 2 4 6 6 4 4 2 8 8 6
6 8 5 5 1 8 8 7 2 5 4 8 7 6 5
1 7 1 2 4 8 7 6 7 4 8 9 0 5 0
6 3 2 7 2 9 9 9 8 2 6 8 5 1 8
8 3 3 8 3 8 0 3 6 4 4 6 9 7 4
2 8 9 5 1 5 0 3 0 2 7 2 9 7 6
5 4 2 4 0 7 6 4 4 3 2 8 2 4 0
5 6 9 3 7 0 8 4 7 4 9 3 0 2 2
1 3 4 2 9 9 4 2 6 8 7 6 7 1 9
6 6 4 5 2 8 5 8 1 5 9 6 8 7 9
1 9 4 4 5 8 5 2 1 9 4 7 1 2 0
4 2 1 9 6 3 7 6 6 9 8 3 8 7 1
6 6 0 3 4 9 7 0 5 7 4 8 0 2 7
```

Number List

2131449576 6426243410
3123552658 7732269780
4189303968 8572624334
4492932151 9522868478
6084244485 9637669838

Number Search 49

```
1 8 2 9 4 3 5 8 0 6 6 6 9 4 5
0 8 5 3 4 4 6 8 9 2 3 6 6 0 1
5 2 1 2 8 3 1 3 7 7 8 2 5 0 4
7 3 1 6 7 9 0 1 6 8 8 6 6 1 8
5 2 4 0 6 6 3 3 0 6 8 5 5 0 2
6 5 7 5 6 8 8 0 0 1 5 1 5 8 5
4 2 2 1 6 6 5 5 7 3 0 9 2 5 6
8 7 1 9 1 9 4 1 0 1 1 4 0 4 5
2 1 2 6 9 1 8 6 2 0 5 6 4 0 0
2 6 8 6 7 7 4 9 4 0 1 5 0 6 7
8 2 2 9 5 5 9 3 0 9 2 4 7 3 0
9 0 6 8 3 2 7 2 5 1 7 5 4 0 2
3 6 9 4 1 1 4 5 8 1 3 9 1 8 7
6 1 0 4 9 1 8 4 1 4 3 5 3 8 8
3 9 6 9 8 7 5 0 9 5 1 3 6 3 7
0 1 0 5 2 6 5 2 2 7 4 7 2 1 1
2 9 2 2 0 5 3 3 6 2 5 1 0 0 3
8 2 8 0 7 3 1 8 9 1 5 8 5 4 0
0 9 6 8 1 5 8 6 9 9 6 7 8 1 8
3 5 5 3 7 6 3 4 6 6 8 2 0 9 0
```

Number List

0105265227
2111660396
2691862056
2807318915
3763466820

4411010446
4711055785
6531098965
6655730925
8232527162

Number Search 50

```
8 6 1 1 7 9 1 0 4 5 9 4 4 9 0
0 0 2 5 9 8 4 8 8 7 7 0 5 5 2
9 6 4 4 6 7 8 9 5 6 0 6 3 2 8
1 9 0 6 6 2 6 6 4 3 8 2 0 7 7
1 7 7 5 9 5 2 1 4 8 8 8 5 4 3
0 8 1 1 3 6 5 7 6 8 6 7 3 5 4
1 1 8 2 9 5 6 6 9 4 2 7 5 8 4
8 8 1 3 6 6 1 4 4 9 4 2 3 5 7
8 5 0 6 4 3 0 5 8 8 4 3 3 0 9
5 8 7 4 2 5 8 3 1 2 4 0 7 0 9
5 8 4 1 1 6 6 0 3 8 1 5 6 7 5
8 6 7 2 0 0 3 4 0 4 2 5 9 8 2
1 4 0 4 4 5 4 7 8 1 3 7 6 3 2
0 0 6 0 9 8 4 2 3 2 1 3 6 4 1
0 5 5 0 6 5 4 9 0 7 5 4 1 9 9
7 3 7 6 3 8 6 5 1 6 3 7 9 5 5
2 3 6 4 6 7 7 3 6 8 8 4 5 8 0
9 1 7 0 4 7 9 2 9 7 7 7 1 0 5
0 0 8 7 9 0 0 6 5 2 2 1 7 5 8
0 7 0 2 5 1 0 4 0 5 1 4 3 2 2
```

Number List

1042068772
1136576867
3348850346
3606598764
4769312570

5324944166
5863566201
8039626579
8558100729
8611791045

Number Search 51

```
3 8 4 9 8 3 2 4 5 9 4 3 2 0 8
8 4 3 2 2 1 3 9 1 2 0 8 4 5 1
6 5 7 9 3 6 2 0 1 8 4 0 1 4 3
4 2 2 8 4 3 7 9 9 8 5 5 2 1 3
8 9 5 9 1 3 6 4 1 9 6 1 2 2 6
6 1 9 5 2 3 3 9 9 2 9 4 8 7 2
3 3 6 0 4 3 9 9 2 5 3 3 9 0 2
9 9 0 1 4 9 5 9 1 6 4 6 8 7 7
0 2 1 9 2 1 4 4 5 3 9 4 1 2 4
6 8 5 2 9 0 1 4 4 9 0 0 5 2 7
6 0 8 6 8 3 0 4 3 0 1 3 3 6 2
8 1 7 3 0 4 6 1 0 6 2 6 3 2 6
1 5 0 9 8 5 9 1 1 6 9 4 0 4 6
2 4 3 5 0 0 0 4 5 9 7 7 0 8 0
3 0 8 3 4 0 6 3 5 8 5 3 3 4 6
0 7 4 7 9 5 7 7 9 4 5 6 8 0 2
4 2 2 6 6 5 8 3 2 4 3 3 7 0 8
4 9 3 0 0 2 1 2 6 8 9 3 9 1 5
5 6 3 4 6 1 9 7 5 3 3 3 9 8 8
2 2 6 4 9 8 3 7 5 8 2 9 2 9 5
```

Number List

0001009636 5189822142
0463415083 6309936158
1139874367 9066812304
2430564434 9110021618
4983758292 9443697308

Number Search 52

4	8	6	0	4	2	8	2	2	7	8	5	6	7	0
0	3	5	4	4	1	2	4	8	6	0	6	1	7	3
5	8	5	0	9	5	8	1	2	2	3	1	6	5	2
8	9	3	1	6	7	7	8	5	3	4	2	0	6	5
5	7	7	8	4	4	8	1	5	3	7	8	6	6	5
7	5	8	0	5	0	4	5	8	7	8	0	8	5	9
3	2	4	0	4	2	3	8	5	2	4	0	7	6	3
1	1	8	4	2	8	2	1	2	4	2	1	7	7	1
8	7	6	1	9	7	1	4	2	1	2	3	1	2	4
8	7	6	9	2	2	9	2	1	0	5	3	0	7	1
2	8	0	8	3	4	5	6	8	6	2	1	1	5	9
1	1	4	4	3	1	2	2	6	6	0	8	1	8	3
6	2	7	0	0	2	8	2	2	1	6	3	0	8	9
7	6	2	0	3	0	9	5	3	3	5	6	5	1	1
5	3	2	4	7	6	9	0	6	1	6	3	3	8	5
9	4	2	8	3	7	4	1	6	6	3	0	6	1	1
4	7	7	6	3	5	9	0	6	6	9	5	4	9	9
0	9	5	1	0	1	0	8	1	4	0	9	4	2	0
0	9	3	9	2	0	1	6	2	5	7	6	5	2	3
7	5	7	7	7	4	3	1	7	8	2	0	2	8	7

Number List

1677853420
1853061422
1916368174
2822785670
3501292296

5289949013
5674321157
7431782028
7802796615
8813758504

Number Search 53

```
7 8 3 9 2 7 9 9 2 2 2 4 1 6 2
0 4 5 3 2 5 5 9 1 8 3 4 1 6 2
7 2 6 3 8 3 6 4 4 2 6 8 1 2 9
0 2 3 4 7 5 8 3 8 0 3 0 8 5 8
3 5 2 7 3 7 4 0 2 1 2 9 2 1 7
2 8 3 3 8 8 0 9 9 0 7 4 2 2 8
2 3 6 9 7 5 8 7 6 3 6 8 4 5 5
3 0 7 3 6 5 9 3 2 4 5 2 9 2 0
9 5 0 7 1 0 8 1 7 6 4 6 0 0 0
9 6 5 3 7 3 8 2 2 8 5 4 2 5 1
0 6 1 1 2 7 4 4 5 6 6 4 1 1 2
9 7 6 3 5 7 4 9 6 1 3 3 2 1 7
0 8 5 1 3 0 3 9 9 6 7 2 6 0 6
5 2 4 6 0 0 8 6 0 5 9 0 6 0 6
3 1 0 9 6 7 0 6 8 6 2 3 6 9 0
1 5 5 6 4 1 4 9 5 6 7 6 3 0 2
0 6 9 4 2 5 9 0 0 0 6 3 3 5 5
8 5 4 8 2 9 6 6 8 5 0 8 7 9 8
7 2 2 8 9 1 1 0 7 9 1 5 9 1 9
3 6 2 4 8 9 8 1 2 7 2 3 4 7 3
```

Number List

2512520511   7223758251
3883786360   7321875141
5533600095   9506800642
6170979138   9579878412
6698744423   9657650082

Number Search 54

```
6 3 0 0 9 9 4 5 1 0 2 0 7 3 8
2 6 6 9 8 4 8 9 2 9 3 7 2 1 6
8 8 7 1 6 9 3 0 5 4 6 4 3 5 4
2 1 4 0 9 2 4 4 4 0 0 5 8 2 2
4 1 4 8 3 6 3 0 1 5 3 8 4 9 4
0 6 2 4 5 0 5 1 2 0 0 1 2 2 6
4 6 7 1 0 0 0 2 8 6 2 4 4 1 1
5 0 8 2 0 9 1 4 8 6 1 0 9 8 4
5 1 6 8 5 0 3 8 6 5 6 1 4 8 6
7 2 2 4 9 0 4 8 5 0 8 7 6 0
7 6 1 8 6 0 9 7 4 3 4 2 2 9 9
1 2 8 8 0 7 4 9 1 8 9 5 2 6 4
9 5 9 6 1 4 6 8 6 2 6 9 5 0 6
3 4 1 0 1 2 7 3 1 6 3 4 7 9 6
5 8 6 9 0 6 4 2 8 7 6 7 8 5 4
1 7 5 3 8 1 5 8 0 5 8 3 1 6 7
3 8 0 7 8 2 7 1 9 1 7 3 4 3 9
7 0 3 3 3 4 3 3 6 3 8 8 0 6 7
0 2 0 3 9 1 9 4 9 4 5 1 7 9 1
3 1 6 7 1 4 1 9 2 4 1 0 5 1 0
```

Number List

0471237137
0674427862
0841284886
1965285022
2039194945

2106611863
2694560424
4371917287
7392984896
8696095636

Number Search 55

```
4 4 7 2 4 5 4 0 2 3 9 4 5 1 8
6 1 8 7 8 0 2 7 5 9 0 0 9 7 6
7 7 4 1 3 3 9 0 5 7 0 7 6 6 2
7 3 6 8 1 1 9 3 3 5 1 5 2 5 6
6 2 8 8 7 8 6 9 3 9 6 3 7 8 4
4 9 9 3 3 4 6 0 0 1 9 3 5 4 8
6 3 8 0 9 2 3 8 6 7 8 6 7 4 9
5 2 1 2 4 9 7 6 2 5 3 5 7 3 0
7 7 1 1 5 4 4 5 1 6 5 7 9 7 0
5 5 3 9 6 8 6 8 9 8 2 7 6 9 3
9 8 5 9 5 6 2 3 6 9 5 3 2 8 9
9 5 1 5 1 1 0 2 2 7 9 8 9 4 7
9 9 6 3 9 3 3 6 6 4 5 5 4 8 0
2 8 5 9 8 0 6 4 3 2 7 6 3 4 8
6 5 0 1 7 8 2 5 7 1 0 0 6 1 5
4 4 9 0 6 2 0 0 8 5 0 6 8 1 5
2 3 1 9 4 6 5 7 6 4 0 7 8 3 8
1 7 9 5 2 4 3 9 9 1 1 4 3 6 4
7 7 0 4 9 8 4 2 2 5 8 4 2 5 6
8 9 5 1 2 6 9 4 6 8 3 4 1 5 8
```

Number List

0865832645
4677646575
5224894077
7396241389
7802759009

9465764078
9512694683
9825822620
9835259570
9958133904

Number Search 56

```
8 0 3 1 4 9 6 2 5 2 4 5 1 7 1
2 2 6 1 9 4 1 3 2 7 4 5 3 2 2
9 8 4 1 9 9 2 3 5 1 9 0 1 3 1
2 2 5 9 0 7 8 6 0 2 2 6 5 0 5
2 9 3 9 2 5 3 4 5 6 1 9 1 9 6
1 1 6 6 0 7 6 5 8 9 9 8 8 1 1
7 8 6 8 3 2 3 6 4 5 7 1 9 9 7
5 1 1 9 0 9 2 9 3 1 3 7 7 0 3
2 5 3 9 6 5 4 0 0 9 5 6 9 8 9
9 7 0 4 3 4 5 4 4 5 1 9 8 9 2
9 9 7 2 9 0 6 3 3 9 2 5 6 2 3
9 0 3 1 6 7 1 1 2 7 2 9 7 4 5
3 7 3 8 7 8 5 8 5 4 4 7 5 1 0
1 6 2 3 9 1 2 4 5 1 7 5 3 6 6
1 0 8 6 3 0 3 7 8 4 9 4 1 2 2
3 2 1 5 3 6 1 1 5 7 7 2 5 4 6
1 3 4 9 3 9 9 6 5 1 4 3 7 3 2
8 6 1 8 4 8 2 6 0 1 4 7 6 9 6
9 2 6 7 1 9 4 7 8 2 6 9 1 4 5
5 9 8 6 2 7 9 1 9 9 4 3 1 2 0
```

Number List

1429809190
2169646151
2671947826
3639443745
4939965143

4962524517
5305068203
6592509372
8482601476
9909026401

Number Search 57

```
4 5 7 4 6 9 5 2 3 3 4 2 9 4 2
6 0 7 6 0 9 5 3 8 9 8 8 9 4 5
1 8 9 2 5 5 9 4 1 9 8 6 3 6 5
1 8 9 6 2 7 0 6 3 9 3 3 1 6 4
3 6 2 7 4 3 0 5 4 5 1 1 6 8 4
8 1 6 9 1 8 4 9 3 7 0 3 9 0 2
8 0 9 0 6 7 1 6 8 6 5 0 9 9 3
2 2 8 0 0 6 9 6 0 5 9 0 5 0 1
3 4 7 1 4 7 5 1 9 3 8 0 9 5 5
8 9 4 0 4 6 8 8 5 0 4 3 1 2 5
8 1 4 0 1 4 3 5 4 8 4 8 8 8 6
1 4 5 6 4 4 4 7 4 6 7 2 6 3 1
4 1 4 1 8 8 3 7 3 2 5 8 4 1 2
7 2 3 5 1 2 1 5 6 4 7 4 4 6 0
2 7 2 5 6 7 8 2 1 4 6 0 8 3 5
2 3 6 1 6 7 9 6 7 9 8 0 2 3 9
8 5 6 6 6 7 3 2 7 5 6 3 6 0 8
2 9 4 0 3 5 8 2 9 0 1 8 6 3 2
3 2 8 1 3 7 0 9 6 7 3 7 6 8 6
5 0 2 0 4 1 2 6 8 7 7 8 1 9 5
```

Number List

0249141273
1268778195
1339360726
3460348610
4543266482

4564856692
5709858383
7245870066
7577728446
8169042465

Number Search 58

```
4 9 3 2 3 3 0 5 7 2 7 0 3 6 3
2 0 0 7 3 9 7 0 1 6 4 5 6 3 7
7 9 9 0 5 4 7 9 1 2 9 3 7 3 3
7 8 9 1 0 9 9 4 6 4 0 5 9 9 1
9 5 4 1 7 3 8 9 1 8 6 1 1 7 9
7 8 0 3 7 4 2 2 6 1 1 5 6 4 5
0 9 1 3 4 1 3 8 7 1 1 9 8 7 7
9 2 7 1 5 9 5 9 7 4 5 7 4 2 6
6 8 1 0 5 0 0 3 6 9 1 5 8 4 9
2 3 6 1 6 5 3 6 6 3 4 7 8 8 2
8 2 0 6 1 3 0 3 8 4 9 1 2 8 4
2 5 7 5 7 9 1 4 1 7 3 7 0 1 0
9 1 2 3 0 4 1 5 6 1 7 6 4 5 8
2 9 3 6 1 4 3 2 5 0 0 6 6 2 3
5 4 3 6 6 2 4 5 2 8 3 6 6 0 9
4 0 6 9 6 0 9 3 9 6 8 6 5 9 7
0 9 5 1 0 5 2 3 5 6 4 1 2 2 8
9 1 0 6 9 0 8 9 0 7 2 8 7 0 1
2 1 9 6 4 2 9 3 6 3 6 1 0 2 1
7 8 9 2 5 9 0 3 6 0 7 8 1 6 9
```

Number List

0113305305
0631558817
1384146951
3305727036
4881520920

4882046652
7892590360
9171536436
9415116094
9628292540

Number Search 59

```
8 0 9 2 1 8 6 1 1 7 3 4 5 7 8
8 9 8 7 4 1 2 8 0 3 7 9 7 8 1
9 7 1 9 7 6 6 5 4 8 7 3 5 4 9
3 3 1 2 3 2 7 2 7 7 5 6 9 5 3
3 8 1 7 2 6 7 2 5 5 2 2 5 8 2
5 9 4 8 6 7 2 7 7 6 1 1 9 1 6
7 3 9 3 8 8 9 7 3 9 7 5 1 1 1
5 5 6 2 3 5 5 3 4 0 2 6 9 5 1
0 1 3 6 3 0 7 9 8 9 6 4 5 0 7
2 6 1 3 2 6 1 5 9 1 5 4 3 1 9
1 7 8 1 3 1 0 7 2 2 2 6 3 3 3
5 8 4 3 0 0 3 0 8 7 3 5 7 7 6
8 1 8 3 8 2 4 0 9 6 2 7 0 3 2
1 9 8 3 6 3 2 1 9 7 6 4 2 6 5
6 5 0 4 8 4 4 5 3 3 4 0 5 7 7
9 5 4 8 8 6 4 4 6 9 0 7 8 4 7
0 7 1 7 7 3 9 0 9 8 7 6 2 0 0
0 1 1 2 5 8 3 8 9 5 5 7 6 7 8
8 1 7 5 3 4 3 0 5 0 8 6 6 4 1
1 4 9 5 1 0 2 0 2 1 7 1 6 0 5
```

Number List

0744623799   6274956735
0921861173   8193261179
1885752724   8301194912
3105118548   8912279381
5759591953   9833673362

Number Search 60

```
0 7 0 6 0 9 4 3 7 0 2 7 7 9 3
4 2 9 3 1 7 6 7 5 2 3 4 6 5 6
0 8 1 2 4 6 4 4 8 2 5 0 3 2 8
5 4 2 6 6 6 2 5 7 6 2 0 9 5 5
0 4 6 1 4 6 6 8 4 4 0 1 5 4 4
0 6 4 7 9 8 6 5 8 5 3 9 2 1 0
6 8 9 6 4 6 4 1 6 7 9 0 2 1 1
1 3 4 2 9 0 2 6 9 0 8 4 4 4 6
2 0 5 3 3 3 0 9 7 6 4 5 7 9 1
4 0 7 5 1 8 1 0 1 4 5 4 3 2 1
2 1 6 8 2 3 9 2 5 9 8 2 7 9 0
7 1 6 0 0 1 9 9 8 6 2 1 4 2 6
9 3 9 6 6 4 9 1 0 7 8 4 8 9 3
3 8 4 4 8 6 1 1 2 3 8 1 0 4 8
5 5 0 5 0 6 2 5 0 2 5 5 2 1 6
1 1 5 1 9 0 7 0 2 1 7 9 8 7 1
0 8 1 8 5 5 0 6 1 8 0 6 5 0 1
0 4 3 4 0 5 6 5 7 5 2 4 1 2 2
1 1 2 8 1 0 5 3 9 2 1 7 1 7 6
5 0 7 9 5 0 7 9 4 6 3 6 8 7 5
```

Number List

0005681271
0539217176
1907021798
2931767523
4406566430

6094370277
6395224737
7669405132
8467481846
8602139494

Number Search 61

```
4 8 9 6 4 1 0 1 2 7 4 3 5 1 5
4 2 2 2 3 2 2 4 9 5 3 4 3 0 1
7 4 6 2 4 6 6 1 0 6 9 7 3 1 3
8 3 9 7 6 5 7 4 4 7 0 1 1 4 2
3 1 9 4 6 4 7 2 2 3 7 6 4 0 7
9 7 7 7 8 5 5 2 5 1 0 5 0 5 4
5 7 0 5 4 3 9 2 1 5 5 8 5 3 7
6 5 1 1 7 7 0 6 6 8 5 1 4 5 4
7 8 6 4 0 7 5 8 8 3 3 0 7 7 7
6 7 8 5 6 9 8 1 4 9 5 3 2 4 0
5 7 0 8 9 8 7 9 2 0 6 6 6 7 6
1 1 3 1 8 0 4 9 6 3 5 7 0 3 8
4 8 0 5 8 2 2 4 7 0 5 5 7 8 9
1 2 0 0 8 0 4 1 0 1 9 4 6 7 2
4 9 1 3 1 5 7 5 1 9 0 1 3 9 5
5 6 5 0 4 8 9 2 5 7 0 1 2 4 8
6 5 7 8 7 8 9 4 6 5 9 1 2 6 9
3 9 3 2 6 4 9 6 5 4 9 2 5 4 2
2 6 8 6 8 0 7 5 4 6 9 5 3 0 3
7 0 8 5 2 3 7 2 4 1 4 8 7 6 5
```

Number List

1050792279
1468440901
2249534301
4201995611
4526356082

4654958537
6892589235
7363717872
7577896091
7785771342

Number Search 62

```
4 7 7 1 3 0 9 9 6 0 2 0 3 6 8
3 1 9 8 0 2 2 9 8 1 6 1 5 2 8
9 2 0 6 3 9 7 7 4 2 1 4 6 1 5
3 7 1 2 3 9 3 4 1 2 6 7 6 0 3
3 5 6 7 0 2 1 2 7 6 0 7 3 1 2
3 7 0 3 3 3 9 0 6 2 9 9 0 8 0
8 1 3 2 7 0 7 2 4 3 6 2 7 1 3
6 6 0 8 2 8 2 8 4 1 3 6 6 4 3
4 6 5 1 1 0 1 7 4 4 1 3 0 4 2
9 7 9 5 9 2 1 9 9 2 8 1 0 3 5
1 6 7 1 9 1 4 9 0 6 5 8 1 0 0
0 4 3 5 5 7 1 0 4 3 9 9 0 4 4
4 3 1 9 7 1 7 0 2 2 9 5 0 6 3
4 2 7 9 2 8 6 3 7 7 5 7 2 8 8
3 5 3 4 6 7 3 8 9 9 9 9 9 9 4
7 5 2 0 5 2 5 2 5 3 9 1 4 2 2
6 8 8 8 5 5 4 9 5 4 4 2 0 5 6
4 4 0 7 5 1 7 3 8 6 4 7 7 3 6
8 3 4 9 3 5 2 4 2 0 3 3 4 1 9
8 4 9 2 4 9 0 5 9 3 8 7 8 0 4
```

Number List

0597317328
1609631859
2129021960
2978049951
4771309960

4999999837
5024459455
5187072113
5981362977
8640344181

Number Search 63

```
4 8 3 1 3 8 6 5 1 7 8 9 2 7 4
1 3 3 4 4 6 8 5 0 3 5 6 5 3 6
9 9 2 0 6 6 1 2 8 1 2 9 2 7 8
4 6 5 9 1 0 6 0 0 0 6 5 8 0 6
3 5 1 1 2 0 7 4 3 7 0 3 0 9 2
1 6 8 7 9 7 1 8 1 8 7 4 3 5 7
1 3 8 3 9 7 0 0 0 1 7 6 2 9 5
5 6 2 3 8 9 1 7 4 4 7 7 2 8 8
3 0 1 7 6 0 8 9 5 2 2 0 5 2 9
4 6 4 4 0 7 9 9 0 0 7 6 2 5 3
7 1 3 0 6 8 3 0 8 6 5 1 4 3 1
3 8 3 2 6 1 9 3 1 1 8 8 1 4 1
1 1 0 0 2 4 7 0 8 7 0 3 2 9 1
3 6 6 1 2 6 6 9 1 1 7 7 3 0 4
7 6 9 4 9 9 3 2 1 7 4 8 1 4 2
6 0 8 5 3 0 3 7 4 1 9 6 6 7 6
1 7 1 3 1 8 2 5 1 9 9 4 3 9 2
5 0 5 8 4 2 3 6 3 0 3 0 2 6 0
9 8 8 7 5 7 8 3 8 7 5 2 8 8 6
0 5 1 5 8 7 5 3 3 2 0 8 3 4 3
```

Number List

2619311881
3344685035
3469083026
4252230825
5875332083

5982534904
7101000313
7669147303
7838752886
8142061717

Number Search 64

7	6	4	4	6	4	3	8	9	2	6	3	2	6	2
3	3	5	1	3	8	0	9	5	2	5	7	2	0	6
6	3	3	7	9	8	1	1	7	3	8	7	2	6	8
3	8	4	1	8	5	7	7	8	0	5	3	2	3	7
7	6	6	8	7	7	5	9	1	5	7	3	9	9	1
6	7	1	5	1	1	3	3	1	3	5	2	6	0	7
9	6	6	1	1	1	9	5	9	0	9	9	3	5	1
4	0	9	7	4	3	9	5	3	9	8	0	3	9	2
9	4	0	2	7	9	6	5	7	2	9	2	3	6	2
1	1	2	7	9	6	9	3	8	3	8	3	6	6	6
0	1	5	2	5	2	7	7	7	5	9	8	9	5	8
2	5	4	0	6	1	1	8	2	5	1	0	0	1	0
8	9	6	9	7	6	9	6	9	0	5	1	1	5	6
7	5	3	3	7	4	6	4	1	1	6	7	2	7	6
2	6	5	3	1	2	0	5	0	2	4	8	8	2	6
9	2	8	0	2	0	2	5	0	2	7	5	0	7	8
6	8	9	1	4	1	7	7	3	2	1	7	9	1	8
2	6	2	1	9	9	0	8	1	0	1	5	0	2	8
7	3	0	4	5	8	8	2	8	3	3	7	2	7	7
8	5	6	4	8	9	2	7	7	8	9	1	9	3	9

Number List

1159562863
1300192787
1712268066
1857780532
2164201989

2875546873
3809525720
6611195909
8823537875
9375195778

Number Search 65

```
7 7 9 2 3 5 5 2 7 2 8 4 2 4 3
7 4 5 7 9 3 3 7 5 3 6 4 3 3 3
7 7 6 7 6 3 2 7 6 0 2 5 6 5 8
9 6 8 0 1 8 7 8 5 7 6 0 7 1 4
0 3 4 8 5 1 5 4 5 2 2 4 7 2 6
6 2 3 2 2 8 1 8 9 2 6 8 7 1 2
2 3 3 7 4 2 4 8 5 2 8 8 6 1 5
8 4 9 5 3 7 7 3 6 2 8 5 2 8 9
5 4 6 0 5 9 8 4 0 6 0 5 3 7 9
2 0 3 5 5 6 8 7 5 7 5 4 3 0 4
1 4 1 7 3 6 5 9 6 2 5 0 6 2 1
0 9 0 8 2 9 3 1 6 8 7 6 5 2 3
0 8 3 2 7 6 2 3 1 6 9 9 0 9 8
2 3 0 2 1 1 2 1 9 6 1 2 5 6 9
2 6 5 0 7 1 2 5 2 0 0 0 4 1 1
1 1 5 7 6 5 7 1 3 3 0 8 9 8 1
1 6 6 2 8 5 0 0 3 3 5 3 6 0 3
0 2 7 9 0 0 3 3 9 5 3 7 0 6 2
5 0 7 7 8 2 6 3 7 7 5 9 9 8 6
2 9 1 5 8 9 2 5 8 1 0 3 5 3 0
```

Number List

0353018529 5338182796
1065485863 5574857242
2497217752 6899577362
2599413891 8230301952
2788659361 8347913151

Number Search 66

4	6	9	2	6	3	0	8	8	6	1	3	8	0	9
7	5	1	5	7	4	6	3	1	7	3	6	2	8	3
9	8	4	0	0	8	2	8	4	2	6	2	0	8	2
8	4	6	1	4	1	1	5	6	5	4	3	6	9	3
4	5	5	7	9	7	6	9	6	1	8	7	0	0	0
4	3	1	4	1	2	8	7	8	9	1	2	3	7	8
8	0	5	3	1	6	1	3	1	5	5	4	8	5	5
1	6	4	6	5	5	7	4	5	1	2	3	5	0	9
7	1	0	4	6	7	0	8	6	1	3	5	2	9	3
5	6	2	0	8	1	7	6	1	4	0	9	2	8	0
4	3	5	5	7	2	1	3	9	7	3	1	0	3	6
6	8	0	7	7	2	3	3	3	5	0	8	7	0	0
3	5	1	1	8	5	9	4	5	4	9	3	6	7	4
7	8	6	9	9	3	1	1	2	0	7	9	1	6	0
4	8	5	2	1	8	7	8	8	4	3	6	3	6	0
6	8	8	9	5	7	8	9	3	9	8	0	0	0	9
8	0	2	6	7	4	4	0	0	0	5	3	6	8	2
5	5	9	7	8	6	4	3	6	5	6	2	5	5	7
5	7	6	9	5	8	0	6	7	1	2	4	7	5	7
0	1	2	7	9	6	1	4	4	8	0	1	3	0	6

Number List

0167113900
0604009277
4541506959
4939319255
5082953311

6861727855
8175463746
8583616035
8890750983
9848824012

Number Search 67

```
3 6 8 4 8 8 8 5 9 5 1 9 0 1 4
8 8 2 1 0 1 8 7 5 3 6 8 0 3 6
9 5 6 6 5 3 6 1 1 2 8 6 0 8 0
8 7 4 2 0 2 1 9 4 9 6 0 9 5 2
9 8 1 8 0 2 6 2 0 6 9 9 4 1 4
1 4 4 1 5 7 4 7 3 5 7 2 4 4 9
6 8 7 1 6 8 7 7 6 3 3 5 6 3 8
9 1 2 1 1 9 0 6 5 7 2 8 0 1 9
5 1 8 7 0 7 2 5 3 5 0 6 3 7 0
5 6 8 8 6 1 2 3 2 1 8 6 5 4 2
5 0 1 6 6 8 8 6 9 8 3 7 7 8 6
9 8 0 4 4 2 0 1 5 4 1 3 1 6 3
9 1 8 4 8 8 0 5 9 4 8 1 9 2 5
0 3 9 0 1 4 3 8 3 4 1 2 3 7 1
0 1 1 5 1 5 8 6 0 9 2 9 5 4 3
8 2 0 4 0 4 7 5 3 4 6 4 9 7 3
0 3 3 4 5 8 6 5 3 9 6 2 6 7 4
2 4 3 1 2 3 8 4 6 4 2 6 6 1 4
8 2 2 2 8 0 1 2 8 9 8 3 8 5 6
9 4 4 7 3 8 7 6 7 6 4 2 4 4 0
```

Number List

0404753464
2590694912
4676783744
4710181942
6208046684

6370766010
7747268471
9331367702
9448255379
9555961989

Number Search 68

```
9 9 4 7 1 6 8 4 6 7 9 7 8 3 9
6 1 1 4 8 8 7 4 0 9 4 9 1 4 9
2 0 4 0 7 0 9 0 5 2 0 1 7 1 9
9 1 8 1 1 6 2 6 0 2 5 5 9 7 4
7 2 0 7 9 0 1 4 8 3 6 0 3 4 6
7 5 0 3 2 9 6 9 9 2 6 6 1 9 7
3 6 0 4 0 7 2 1 9 6 0 2 3 6 5
6 7 0 2 8 5 0 7 8 1 2 3 7 4 1
6 2 8 5 8 5 0 7 2 0 4 6 6 7 6
7 3 5 8 1 7 5 1 6 6 0 8 3 3 9
8 3 4 8 9 0 5 8 9 3 5 5 1 2 7
2 0 7 5 7 8 0 2 1 2 8 1 2 6 8
3 3 8 5 2 1 9 3 1 6 0 3 5 3 8
5 4 0 5 2 6 0 1 4 6 3 6 7 4 9
4 7 3 2 9 1 2 3 5 2 2 6 5 9 4
7 4 3 0 9 5 3 5 7 2 8 0 7 6 1
8 1 6 9 6 0 7 9 0 8 1 3 5 6 4
1 6 6 2 2 0 1 0 9 5 6 0 3 6 4
7 5 0 8 4 2 4 0 6 5 4 3 4 5 9
1 1 7 2 0 7 8 4 2 1 1 9 8 2 2
```

Number List

0426992279
2533824300
3558764024
6602405803
6782354781

7496473263
7521620569
8150193511
8989152104
9141992726

Number Search 69

9	6	3	7	3	3	2	9	2	3	8	2	2	1	1
5	8	0	9	6	6	0	5	1	3	9	5	5	3	4
5	5	5	2	8	2	7	1	2	5	2	3	0	1	5
7	4	5	0	5	9	9	5	3	3	2	3	2	9	7
6	0	4	8	7	5	6	2	5	9	0	8	5	5	8
3	7	7	0	9	2	2	8	9	5	8	9	5	8	4
6	9	0	9	2	1	6	4	1	2	1	9	9	2	2
0	5	5	9	3	4	3	3	6	4	2	4	1	8	8
0	5	8	3	7	7	6	4	6	0	7	8	9	5	5
9	7	6	5	7	8	5	1	3	0	1	7	4	7	0
3	0	9	8	5	9	6	9	1	0	0	7	5	7	5
4	6	2	4	1	3	0	7	2	1	9	7	9	0	4
1	7	6	6	8	5	4	2	2	2	1	1	4	1	9
7	4	9	5	7	0	8	7	8	4	3	8	8	8	4
6	9	9	9	5	1	2	1	5	8	2	0	9	7	5
5	8	5	5	8	9	6	8	6	6	8	6	7	3	8
4	3	6	1	0	8	6	9	0	4	8	3	6	5	8
8	3	1	9	2	7	7	5	3	7	7	8	0	3	8
9	6	3	9	6	7	9	6	3	4	0	2	8	7	4
4	9	1	4	7	3	2	1	1	6	5	3	4	4	9

Number List

2164121992
2861829745
3211653449
4586315030
5570674983
5869269956
6360093417
7509302955
8505494588
9092721079

Number Search 70

```
6 9 6 8 5 8 0 1 9 1 5 5 7 7 6
1 4 9 9 1 1 9 8 8 1 8 7 0 8 2
9 5 3 6 6 5 4 1 9 6 6 9 3 0 4
1 9 1 7 8 3 6 1 5 9 3 3 3 5 7
7 6 3 8 2 5 2 6 5 9 4 1 0 4 0
7 2 4 9 1 4 8 5 4 7 7 1 1 2 8
2 8 9 3 9 8 7 2 9 0 9 1 7 5 9
7 4 6 7 1 2 4 7 7 7 1 4 3 2 6
9 8 9 5 0 5 7 1 9 4 7 6 4 7 3
3 1 9 2 3 5 2 1 7 7 5 1 3 8 6
8 9 7 6 3 5 2 0 9 5 3 3 5 6 8
0 8 1 5 3 9 4 0 6 2 7 6 7 2 7
0 8 6 2 1 1 9 6 0 1 6 7 4 5 1
0 5 6 8 3 8 9 0 8 0 4 2 1 6 8
8 3 9 8 2 2 8 7 8 6 7 2 5 7 4
4 3 1 7 6 3 1 4 7 4 5 3 8 6 4
7 7 6 0 1 6 6 6 7 2 9 5 7 3
7 4 7 3 2 3 7 1 6 8 9 8 7 1 3
6 3 5 4 2 4 9 8 2 9 7 2 7 6 7
2 4 9 0 5 1 8 7 2 8 8 8 3 3 3
```

Number List

0236480665
3479775356
4672890977
4991198818
5181841757

5425278625
6369807426
7727938000
8164706001
8720275596

Number Search 71

```
8 9 7 1 8 7 4 1 2 7 1 2 3 7 1
7 5 7 3 4 6 8 5 0 1 9 8 8 7 7
5 0 3 3 3 4 1 4 9 3 7 0 2 9 9
9 3 9 9 9 6 7 7 9 9 0 9 4 9 7
7 0 5 2 0 2 2 7 2 5 3 3 0 0 1
8 6 4 4 8 2 9 0 8 2 8 4 2 3 6
2 1 2 9 2 6 2 8 3 4 1 9 0 8 2
1 2 6 4 6 7 8 3 7 3 7 0 6 7 7
6 7 6 1 0 7 2 3 5 0 1 4 1 4 4
6 1 4 2 3 5 0 5 6 2 9 2 4 3 4
6 1 3 3 8 6 7 7 5 4 5 9 8 6 7
1 4 4 3 7 7 1 0 8 8 6 4 1 5 0
4 4 4 2 8 1 0 1 5 1 5 0 1 5 6
5 3 0 4 6 0 4 1 5 8 0 7 6 9 9
2 8 3 0 6 7 8 3 6 7 1 7 0 8 3
4 9 0 7 5 3 7 5 9 1 3 0 1 4 9
9 7 2 1 2 5 3 4 5 6 6 8 7 6 6
1 5 2 4 7 7 7 9 5 7 4 0 9 0 2
9 9 0 0 9 8 6 2 1 4 3 6 9 0 1
2 8 7 1 0 7 4 3 3 1 2 5 5 2 5
```

Number List

0739414333
1613611573
1732172147
1973568548
4385233239
4547762416
5255213347
5741849468
6145249192
7235014144

Number Search 72

```
2 6 9 5 3 4 5 0 7 7 2 9 8 4 1
9 4 9 6 2 8 8 3 9 2 1 4 2 2 1
9 5 1 8 4 9 5 1 5 0 2 3 7 4 6
1 1 9 5 4 0 8 7 5 0 3 6 4 9 4
6 6 9 2 9 4 9 2 4 8 8 0 8 8 6
7 0 4 9 4 6 0 1 6 5 3 6 7 0 7
6 2 0 4 4 8 8 2 8 3 2 0 2 1 9
0 8 9 5 6 2 7 2 5 5 0 2 5 4 2
0 2 8 5 6 6 4 1 1 5 8 0 0 9 3
7 1 2 4 6 5 8 8 9 2 7 1 2 8 2
0 9 9 3 0 8 9 0 7 7 9 1 3 4 6
4 3 0 7 1 8 8 9 4 0 2 4 7 7 4
1 9 7 2 3 9 6 7 8 9 8 3 0 5 4
3 3 3 5 6 7 0 4 6 7 8 7 2 2 8
1 2 6 6 9 5 5 9 5 7 7 8 9 7 6
3 2 6 7 0 5 5 8 9 0 1 9 6 5 2
1 1 6 4 1 9 0 8 7 5 7 7 1 2 6
0 6 1 3 4 6 6 2 4 8 8 6 9 0 9
4 8 6 9 0 0 8 9 2 9 1 8 8 7 5
9 2 1 9 2 2 2 1 8 4 6 8 9 0 5
```

Number List

0494601653
2723279178
2725502542
4668049886
5688767179

6085784383
6948556209
8279679766
8625189835
9219222184

Number Search 73

```
3 4 0 1 2 7 4 0 6 8 5 3 7 2 1
3 7 1 8 8 9 7 5 2 6 9 2 9 8 5
4 7 5 1 9 6 5 2 8 5 0 2 2 7 2
0 9 4 1 6 4 1 4 4 3 1 4 7 2 6
4 7 1 9 0 5 7 5 2 9 9 6 5 4 2
0 4 5 9 7 6 8 8 4 8 2 1 4 8 0
3 2 7 2 6 8 7 4 3 2 8 8 8 7 6
8 6 9 0 4 4 0 5 4 7 5 1 7 3 6
0 1 8 2 1 0 6 6 1 1 8 6 3 6 8
1 6 2 1 6 7 0 9 9 0 5 1 8 9 2
2 8 7 7 4 0 6 9 1 7 5 7 0 8 2
1 6 1 4 8 5 6 3 3 5 8 0 6 4 5
0 1 9 6 4 3 4 4 5 0 8 4 3 8 1
6 0 0 4 9 2 9 1 4 5 6 0 6 9 2
7 5 5 2 5 8 7 9 0 0 7 5 8 2 5
9 4 3 3 1 6 0 8 3 0 5 1 7 9 2
2 8 8 6 4 1 0 0 6 1 9 5 3 3 0
6 4 9 8 8 0 1 4 2 2 6 5 8 7 5
4 1 7 7 9 4 1 5 2 1 2 4 8 2 1
4 4 5 9 1 2 0 6 5 4 5 1 3 1 1
```

Number List

0674427862 2694560424
0841284886 3883786360
1965285022 7392984896
2106611863 8145410095
2512520511 9506800642

Number Search 74

```
7 9 8 5 5 7 9 3 0 4 2 0 2 8 8
5 9 6 7 4 7 6 0 6 5 3 3 7 7 3
2 4 9 7 8 7 4 3 1 0 9 6 0 9 6
2 3 6 9 0 0 7 3 9 2 5 4 9 0 9
7 7 0 8 2 8 2 7 9 9 6 8 1 1 3
6 1 9 7 8 5 1 7 0 7 3 1 5 9 8
4 9 5 1 7 6 9 3 5 1 7 4 6 1 1
6 1 6 5 6 6 8 6 4 9 6 4 2 6 8
7 7 3 6 9 6 4 2 2 5 0 5 0 0 4
7 2 6 1 3 9 6 0 0 4 9 0 6 0 5
6 8 2 0 3 9 1 9 4 9 4 5 9 4 2
4 7 5 8 3 5 4 0 5 1 1 3 6 8 2
6 7 3 7 6 6 8 7 2 1 3 2 7 7 9
5 6 0 4 7 1 2 3 7 1 3 7 1 7 3
7 1 4 3 1 4 0 9 8 8 3 7 7 6 1
5 9 5 9 6 0 2 5 5 6 5 6 0 6 3
4 4 9 9 7 5 9 6 5 1 3 5 0 9 0
0 0 5 1 6 9 8 2 6 7 1 6 0 9 2
0 0 9 0 7 0 7 1 1 5 7 8 5 0 8
0 5 7 2 4 1 8 0 2 1 0 6 0 5 8
```

Number List

0471237137
0865832645
2039194945
4371917287
4677646575

7396241389
7802759009
8696095636
9465764078
9958133904

Number Search 75

```
5 6 7 0 4 2 2 8 4 8 8 1 4 3 1
2 9 7 2 4 4 4 1 4 5 9 5 7 9 3
8 2 0 6 6 2 7 5 1 2 0 7 7 7 4
6 0 4 2 3 1 6 2 3 4 5 8 1 6 5
5 3 9 2 4 1 1 4 2 9 0 9 5 4 3
4 4 8 8 8 9 1 7 6 6 6 7 4 6 5
7 5 4 5 9 1 5 1 7 6 3 0 2 2 3
3 8 2 2 2 1 6 8 7 4 7 3 5 9 0
4 7 2 8 6 1 9 4 6 5 9 6 2 9 5
4 6 5 9 8 7 1 6 9 2 2 6 6 1 0
9 4 1 0 7 0 0 5 1 8 0 3 9 4 6
3 6 9 0 6 7 2 2 7 1 8 1 4 4 8
6 2 8 2 4 5 1 4 7 6 5 7 6 2 2
3 4 8 3 3 6 9 4 4 8 7 4 0 8 0
8 4 3 8 9 1 2 9 5 0 9 2 5 5 3
8 2 9 6 7 0 6 0 6 1 0 7 8 8 5
4 6 2 6 9 2 4 2 9 3 6 7 0 6 2
9 3 2 1 1 3 5 2 2 0 5 0 0 3 2
4 0 5 5 0 0 5 9 3 0 9 0 6 0 9
4 2 9 5 8 1 0 4 7 5 9 9 9 0 9
```

Number List

2671947826
3639443745
4962524517
5224894077
5305068203

8482601476
9512694683
9825822620
9835259570
9909026401

Number Search 76

```
9 3 8 1 0 7 0 9 0 9 5 8 7 4 6
1 1 5 4 8 8 4 3 4 5 3 5 0 9 6
4 0 3 8 8 8 8 4 5 4 9 6 7 5 0
1 9 8 0 9 0 8 4 6 2 4 5 7 4 9
7 4 8 4 4 5 4 5 5 8 9 8 3 8 3
5 6 1 1 7 2 1 6 9 0 8 6 7 9 6
7 9 4 1 8 7 5 4 2 2 2 4 8 3 1
8 0 8 7 5 1 2 2 5 0 0 9 3 1 6
1 9 2 8 6 3 1 7 0 0 7 3 3 6 0
8 5 7 6 9 8 6 3 9 1 0 9 1 6 9
0 9 7 3 4 9 9 6 3 4 8 9 2 5 8
1 0 9 6 8 9 6 7 7 0 0 6 2 7 7
6 8 0 0 1 1 4 2 2 6 0 5 2 7 5
9 2 4 9 1 4 6 9 4 4 2 1 6 2 8
5 4 3 5 7 0 1 6 4 3 4 4 2 3 0
4 1 3 0 1 2 5 6 0 6 5 3 8 5 1
0 7 1 6 3 2 1 7 8 1 8 6 6 0 6
8 5 1 9 5 7 0 9 8 5 8 3 8 3 2
8 4 1 2 2 7 8 7 5 9 8 2 1 1 1
0 8 3 9 0 9 1 9 0 8 9 2 4 1 4
```

Number List

1429809190
2169646151
2775661398
4939965143
5709858383

6108187571
6478590907
6592509372
7863609506
9820708002

Number Search 77

```
6 0 1 2 5 9 0 5 7 8 3 0 1 7 3
6 9 1 1 1 1 1 5 2 1 8 1 9 9 4
0 7 1 3 9 5 3 1 2 1 1 3 5 4 7
6 6 1 4 0 1 9 8 3 9 0 1 3 7 2
0 2 9 6 3 0 9 2 9 8 4 7 4 9 0
1 5 8 1 4 5 1 0 4 4 9 7 9 7 7
6 0 8 2 1 4 3 9 4 2 7 9 7 5 9
2 0 5 2 7 8 7 6 2 6 2 5 2 0 9
2 3 7 6 7 4 8 8 4 7 8 7 9 3 6
6 0 2 0 2 8 3 8 3 0 8 5 5 5 5
0 9 8 5 1 6 4 5 2 5 9 7 7 8 2
0 9 8 5 6 1 6 3 9 1 9 8 5 2 7
7 6 3 3 4 1 4 0 1 0 6 7 7 3 3
8 0 8 5 2 7 2 1 2 6 2 3 7 2 9
8 4 5 8 0 7 6 0 4 1 7 1 8 3 7
9 0 6 7 1 6 8 8 1 6 2 4 2 7 0
8 6 9 7 9 0 6 4 1 7 3 8 5 5 9
8 5 2 6 8 9 9 9 3 9 8 2 2 7 7
8 8 0 2 9 2 8 4 1 4 7 2 2 9 6
7 1 1 8 3 3 7 7 5 1 5 7 2 7 9
```

Number List

0976250030
1115218199
1300192787
2164201989
6527397097
6611195909
7853550622
8827588911
8889887006
9928212066

Number Search 78

1	2	6	7	4	6	2	3	9	3	8	3	4	1	0
4	3	4	1	9	3	9	1	1	0	2	7	2	5	8
6	1	8	9	3	3	5	0	0	3	3	2	5	0	3
0	0	5	0	7	6	6	6	3	6	0	6	2	5	5
5	6	2	0	9	2	6	9	9	6	3	3	1	8	6
2	5	6	2	2	5	1	7	2	8	0	7	0	2	0
7	4	2	4	7	8	2	7	6	0	1	7	0	7	3
4	8	5	0	6	8	3	5	7	7	9	5	1	7	8
3	5	3	5	1	7	8	4	7	5	5	9	8	0	1
1	8	7	8	7	5	2	6	7	2	2	9	9	2	3
1	6	3	6	2	2	1	5	5	9	0	8	9	3	2
4	3	8	7	8	8	5	9	8	9	1	6	3	8	4
5	0	9	3	2	8	3	0	3	1	3	3	1	9	6
9	9	2	5	8	1	0	3	5	3	0	6	1	0	0
0	1	9	8	5	0	8	7	0	3	9	7	1	5	4
8	1	6	4	8	9	2	7	3	3	4	1	5	4	1
2	3	6	0	2	0	7	6	0	0	8	9	7	8	4
0	1	9	8	3	1	4	9	9	5	2	8	5	9	7
8	9	5	0	2	8	0	4	2	1	2	1	8	6	3
2	3	5	9	4	2	2	9	0	8	1	5	2	4	9

Number List

0353018529
1065485863
2497217752
2599413891
2788659361

3809525720
5338182796
6899577362
8230301952
8347913151

Number Search 79

```
2 4 0 2 0 9 1 0 7 8 3 5 3 2 0
1 5 9 8 0 3 8 6 4 6 5 6 6 8 6
0 4 4 3 8 7 9 0 3 5 3 7 7 6 5
4 1 6 8 7 9 5 0 8 7 6 0 1 8 6
2 5 4 6 1 5 0 7 9 1 6 0 2 5 4
8 0 4 2 4 2 2 7 5 0 6 6 5 9 7
8 6 6 6 0 7 6 7 5 1 5 2 3 5 3
4 9 1 2 1 0 7 0 2 0 9 4 0 5 6
8 5 7 6 6 7 3 1 5 1 9 6 5 1 4
9 9 8 9 0 8 3 7 3 6 0 8 1 5 5
1 6 9 0 7 5 9 9 3 4 0 3 3 5 7
0 1 6 7 1 1 3 9 0 0 3 9 7 7 1
0 5 2 6 5 9 4 0 3 5 5 9 8 4 8
1 1 1 7 4 7 9 9 9 7 0 5 7 8 2
6 5 6 6 1 2 4 2 9 5 1 1 9 5 6
6 3 3 0 7 3 8 7 4 3 8 6 9 7 6
5 0 1 7 5 0 5 9 8 8 1 7 3 2 9
3 0 6 9 5 0 2 4 0 4 6 7 6 4 7
6 7 6 4 8 3 0 1 5 6 9 7 7 2 1
0 5 1 0 7 1 3 4 8 1 9 0 7 1 9
```

Number List

0167113900
0604009277
4541506959
4939319255
5082953311

5574857242
6861727855
8175463746
8890750983
9848824012

Number Search 80

```
0 0 1 2 1 9 6 8 9 7 9 7 2 4 2
4 3 0 1 2 2 6 9 9 9 5 2 7 7 4
0 6 6 4 7 0 5 4 0 4 5 9 7 1 1
4 1 4 1 5 0 8 0 1 4 5 9 1 0 9
7 6 9 8 4 6 5 1 3 3 9 5 1 1 2
5 0 2 5 6 3 9 2 5 1 6 0 6 8 8
3 4 9 1 0 6 1 1 7 4 1 8 6 1 7
4 5 0 2 7 8 4 4 5 6 9 0 5 9 4
6 9 5 1 4 2 8 0 3 0 8 6 9 4 4
4 3 9 2 3 6 4 7 8 2 9 6 3 2 7
6 0 3 4 2 1 0 7 7 0 5 2 7 6 3
4 5 4 7 4 7 2 3 2 5 2 8 1 5 8
1 4 4 2 6 8 4 7 0 2 4 6 0 3 7
7 7 1 6 9 9 2 0 1 1 7 0 4 9 6
7 5 0 1 1 3 1 5 4 5 8 2 3 1 7
4 1 7 3 3 2 5 8 5 6 6 4 1 5 6
0 1 0 0 6 4 5 6 6 3 1 2 7 4 4
7 5 2 4 9 7 7 1 4 9 7 2 4 2 6
2 5 9 0 6 9 4 9 1 2 9 9 8 9 3
9 9 9 1 8 5 8 3 6 1 6 0 3 5 8
```

Number List

0404753464
2590694912
4676783744
4710181942
6208046684

6370766010
7747268471
8583616035
9448255379
9555961989

Number Search 1

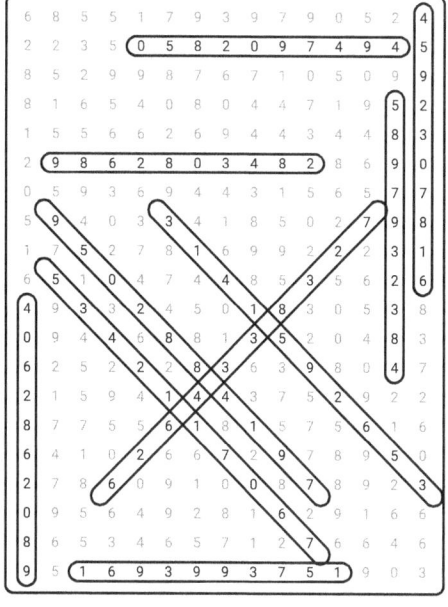

Number Search 2

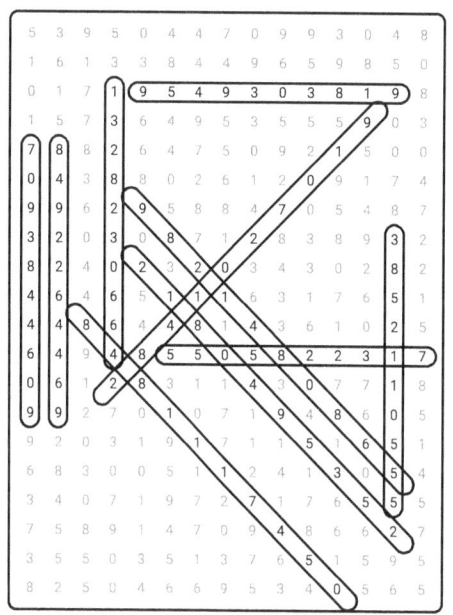

Number Search 3

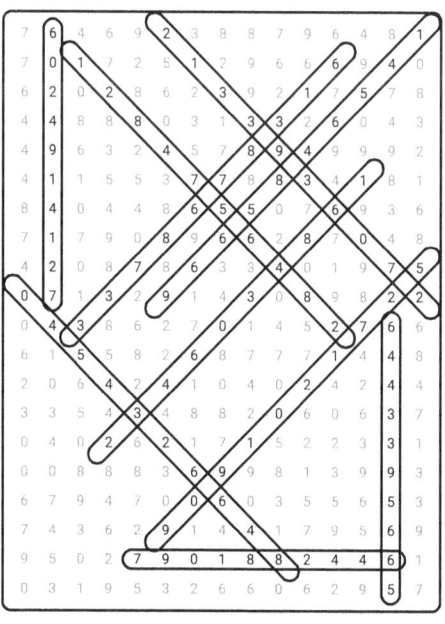

Number Search 4

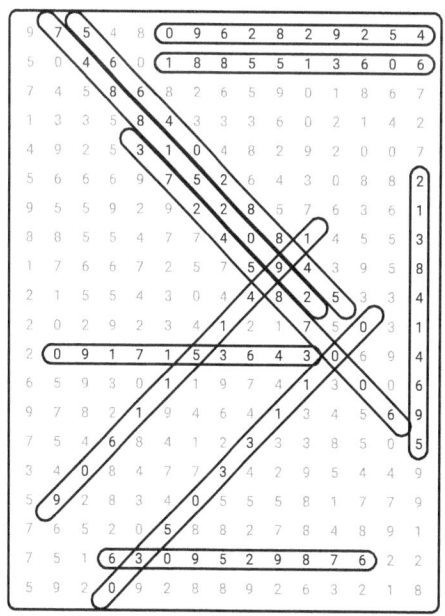

Number Search 5

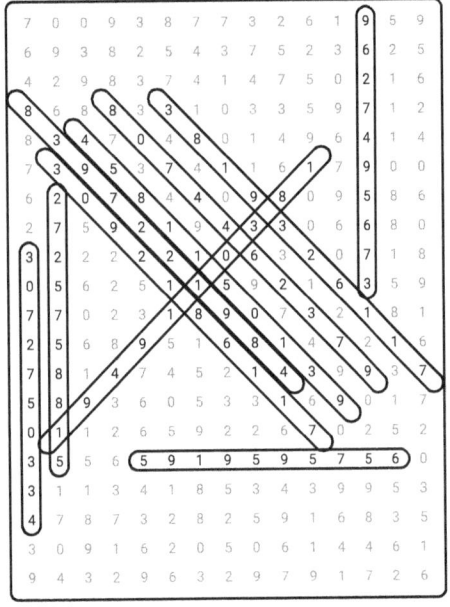

Number Search 6

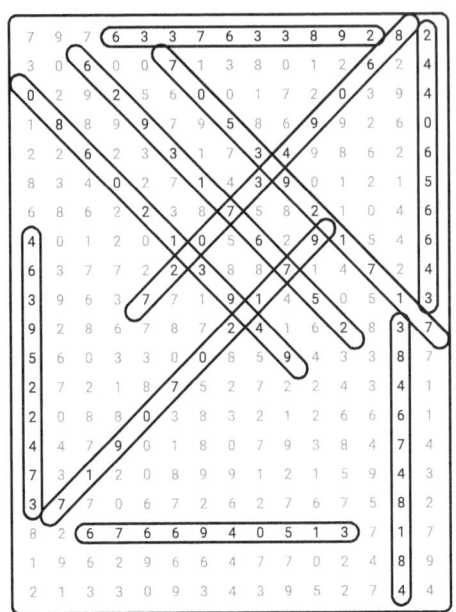

Number Search 7

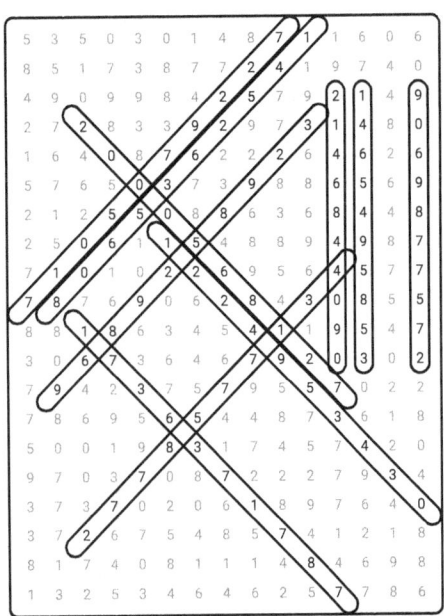

Number Search 8

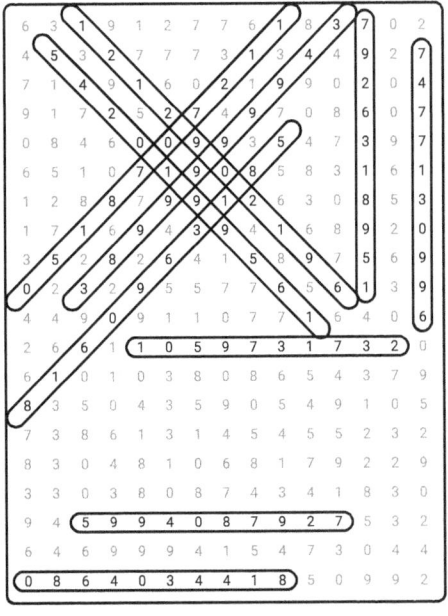

Number Search 9

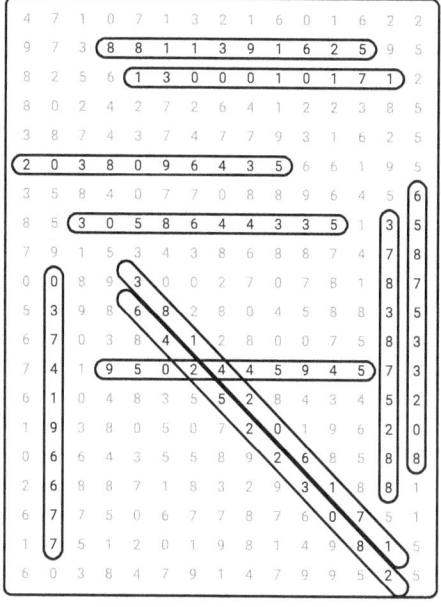

Number Search 10

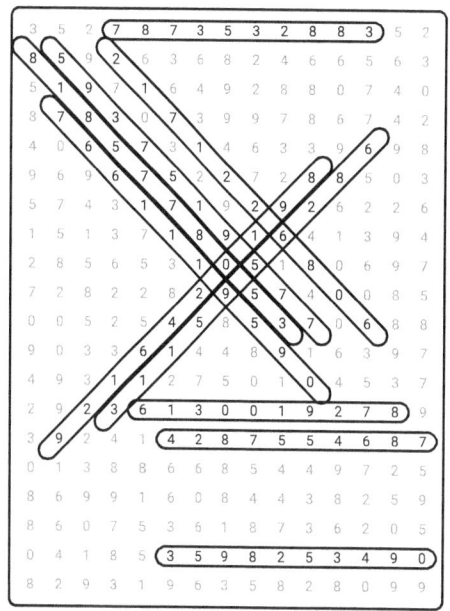

Number Search 11

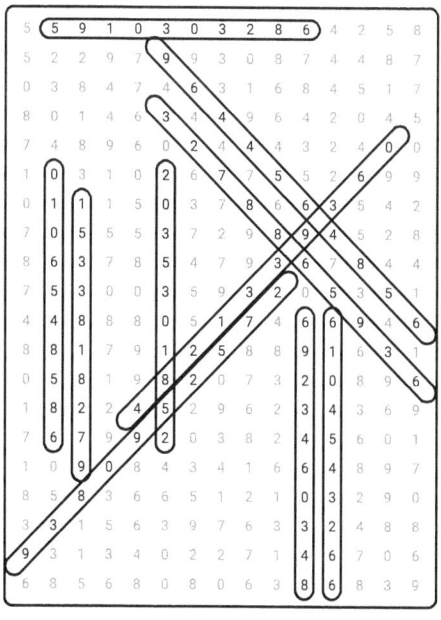

Number Search 12

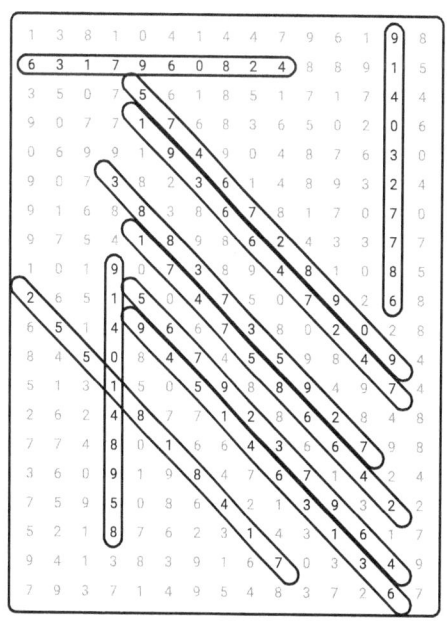

Number Search 13

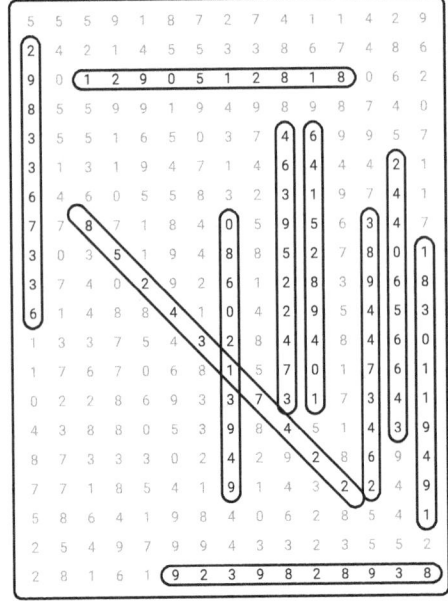

Number Search 14

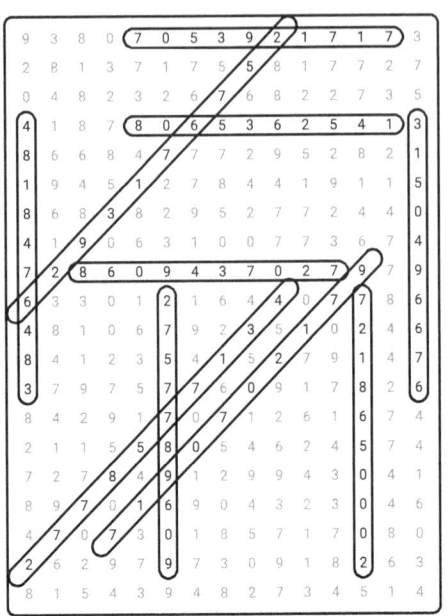

Number Search 15

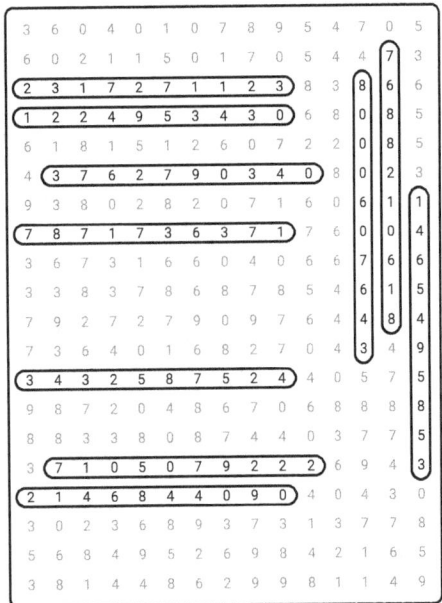

Number Search 16

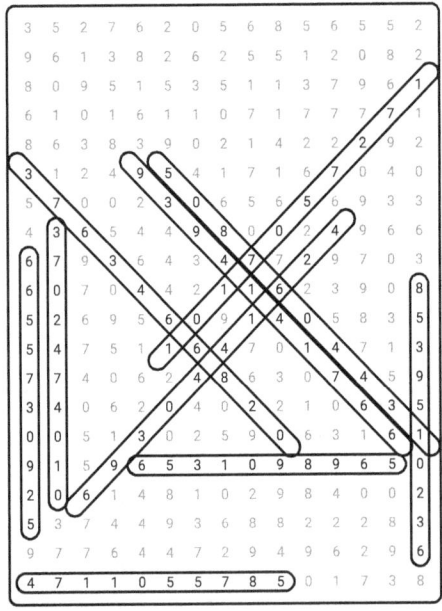

Number Search 17

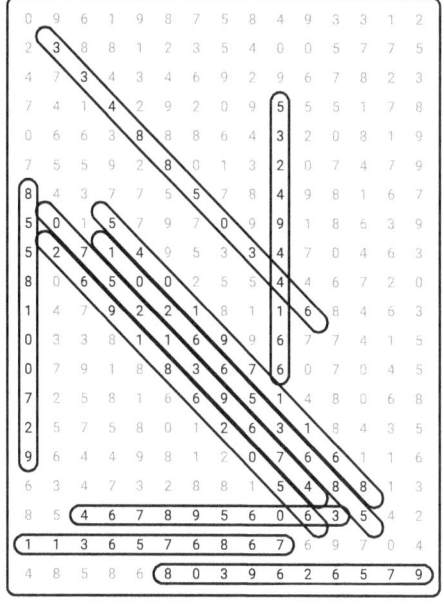

Number Search 18

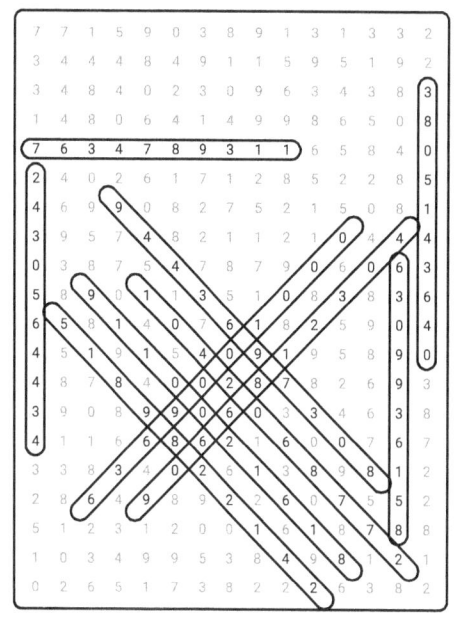

Number Search 19

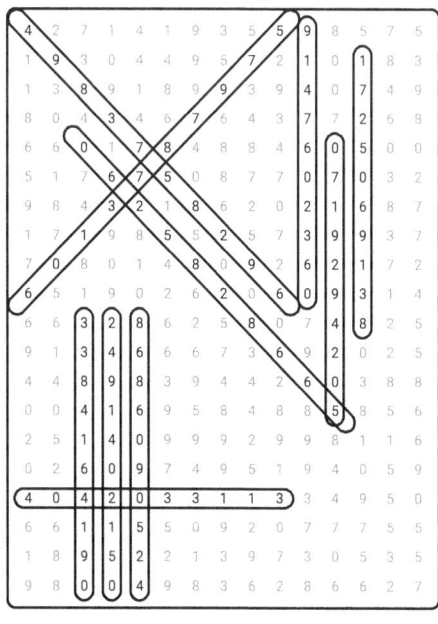

Number Search 20

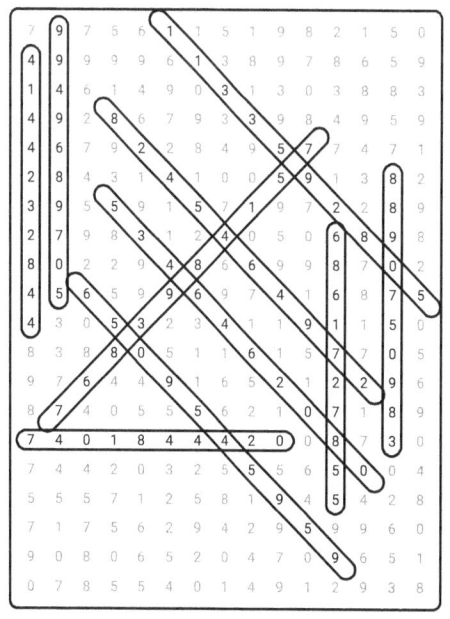

Number Search 21

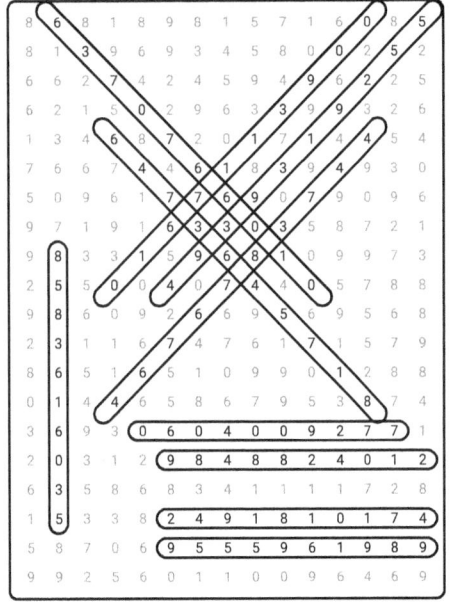

Number Search 22

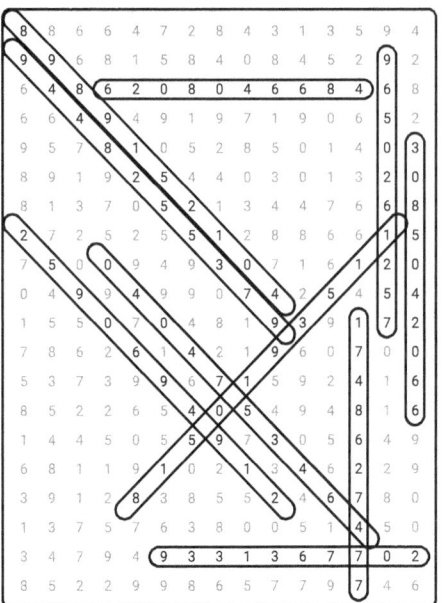

Number Search 23

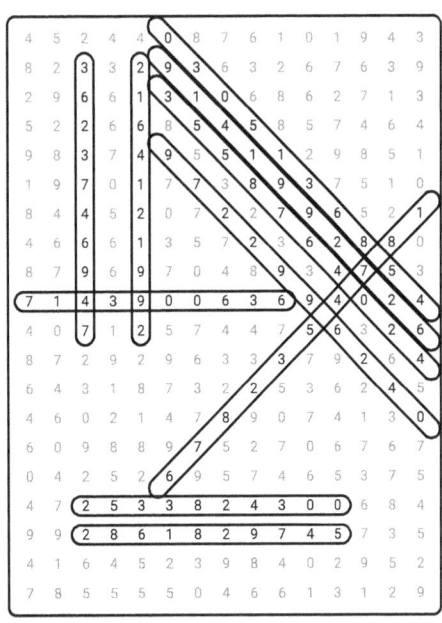

Number Search 24

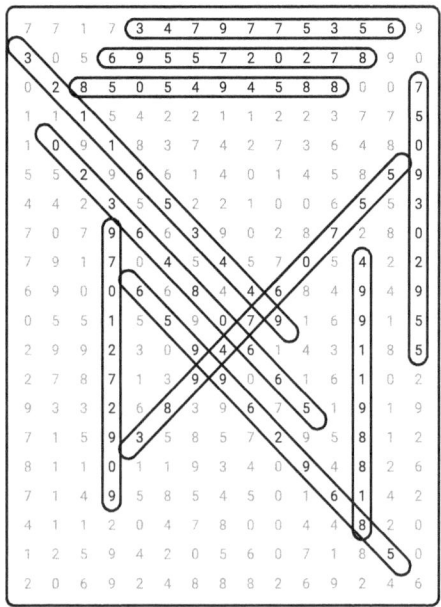

Number Search 25

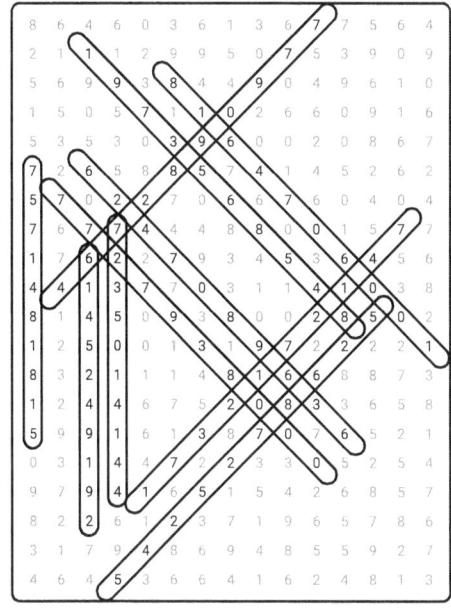

Number Search 26

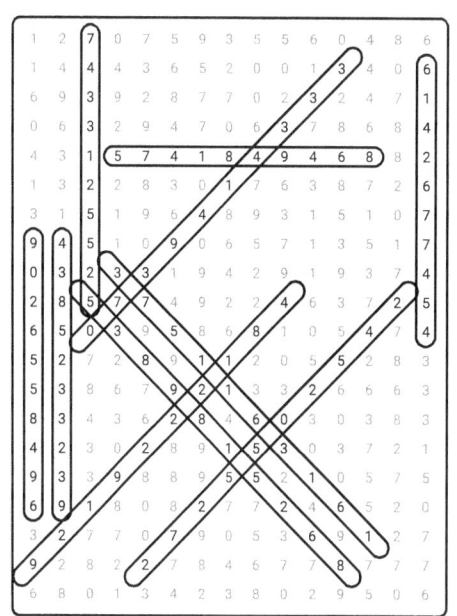

Number Search 27

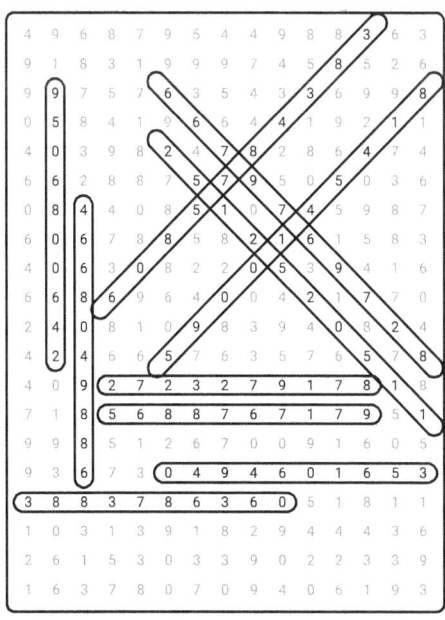

Number Search 28

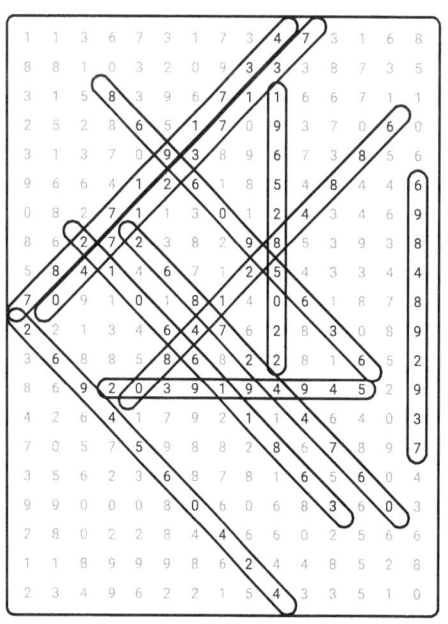

Number Search 29

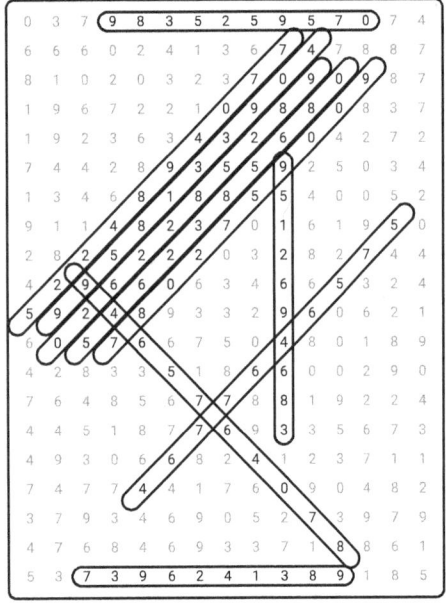

Number Search 30

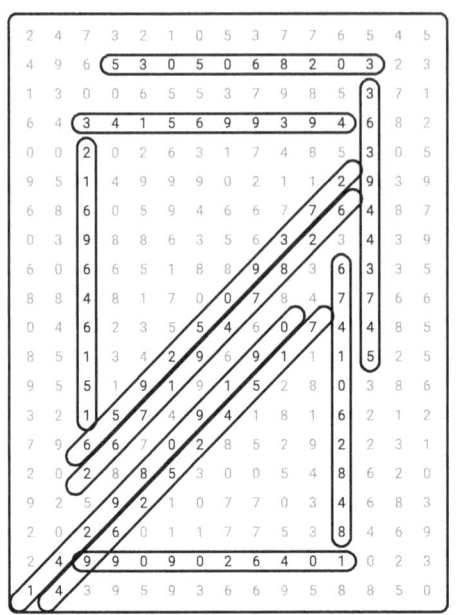

Number Search 31

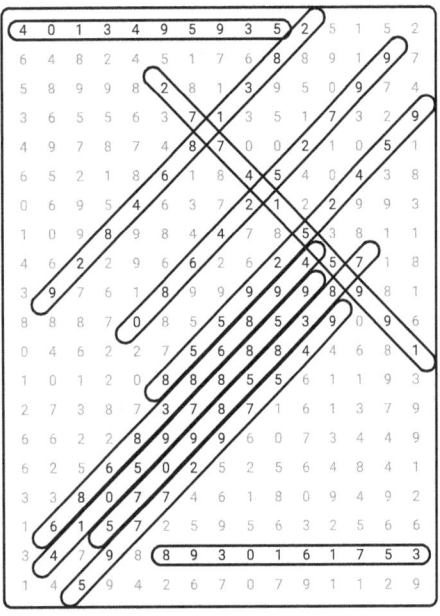

Number Search 32

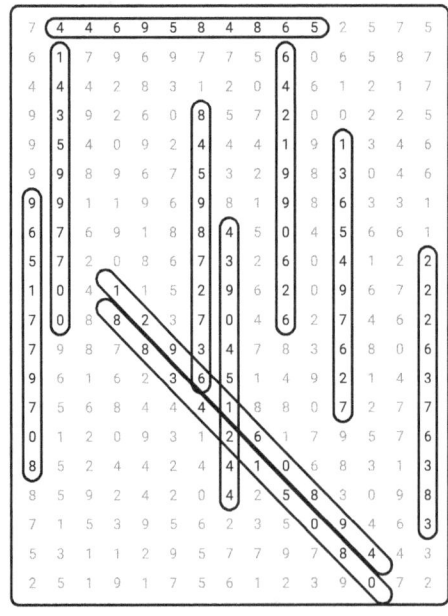

Number Search 33

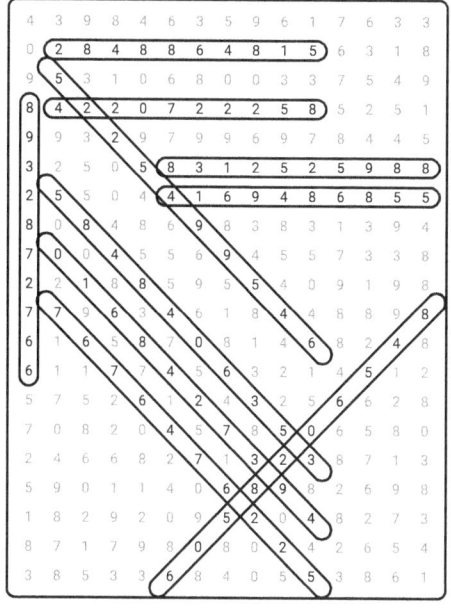

Number Search 34

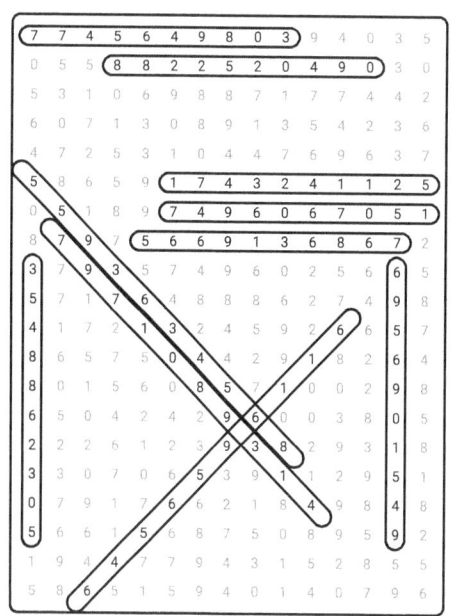

Number Search 35

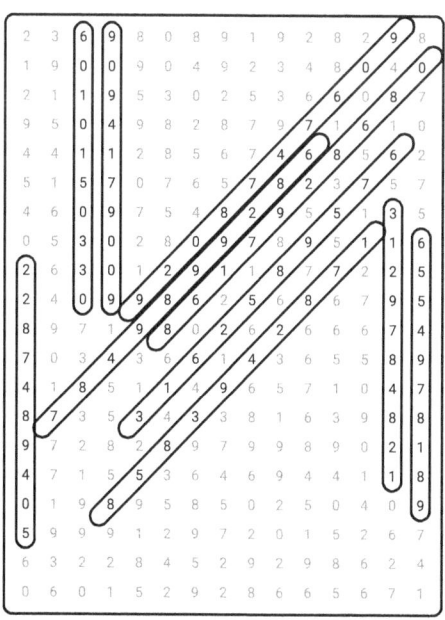

Number Search 36

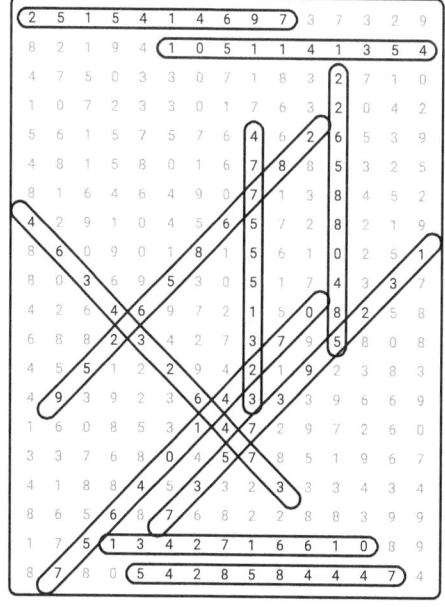

Number Search 37

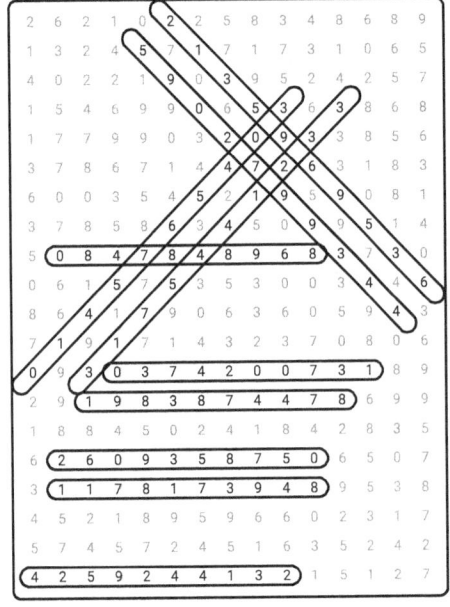

Number Search 38

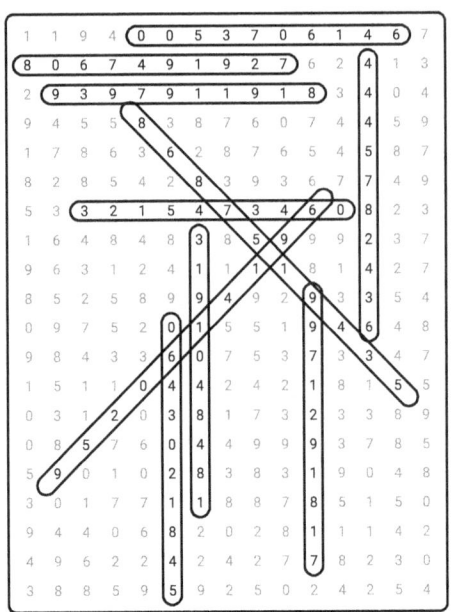

Number Search 39

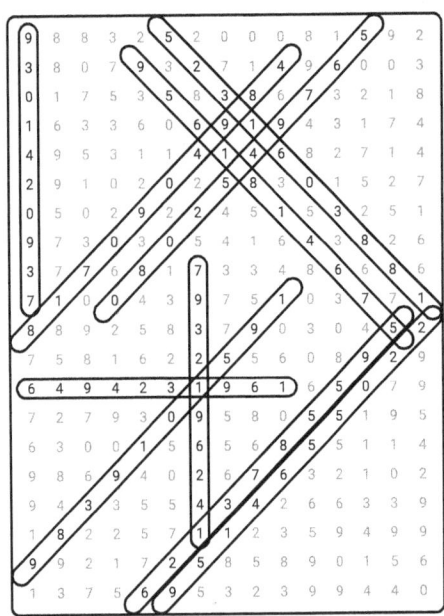

Number Search 40

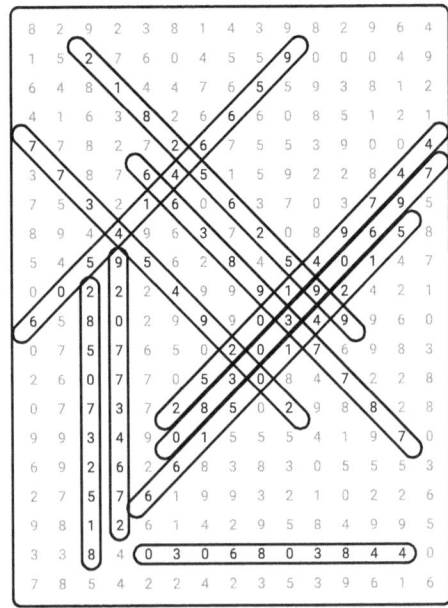

Number Search 41

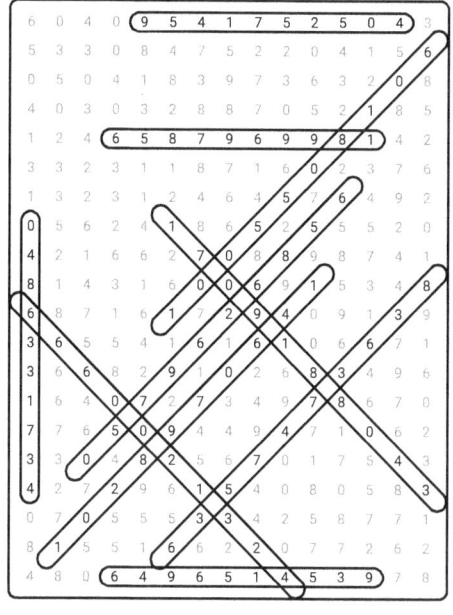

Number Search 42

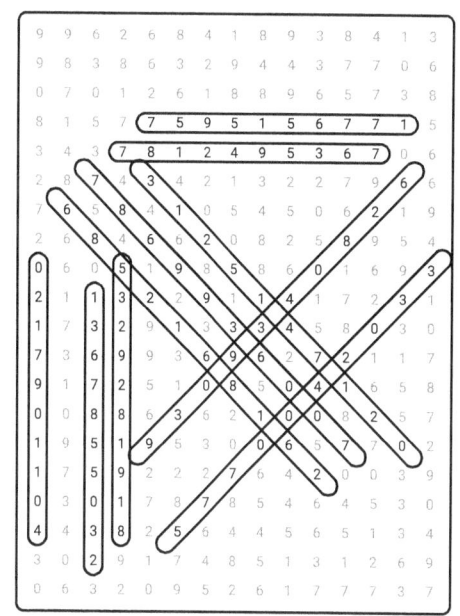

Number Search 43

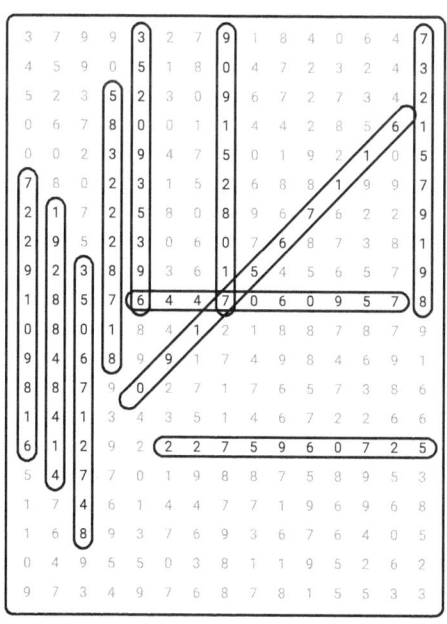

Number Search 44

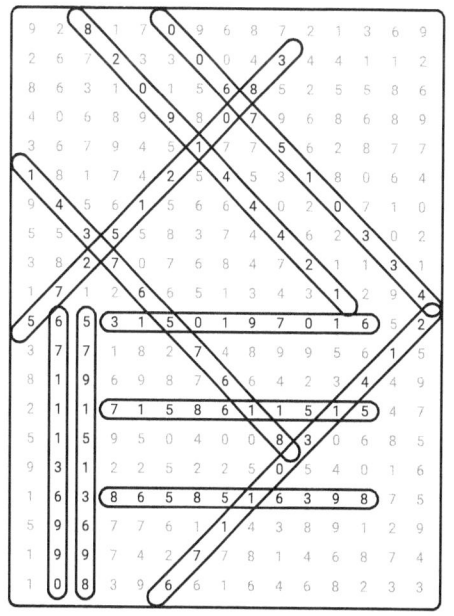

Number Search 45

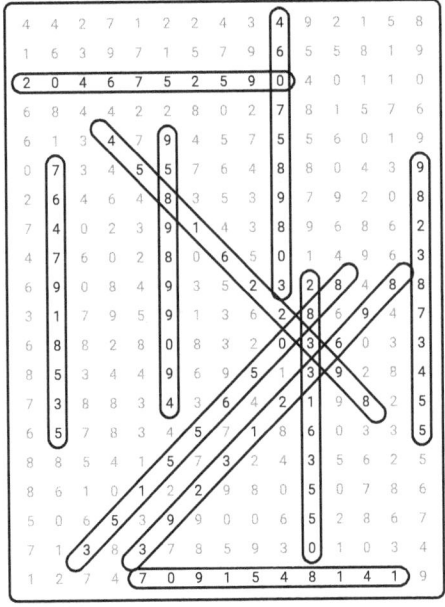

Number Search 46

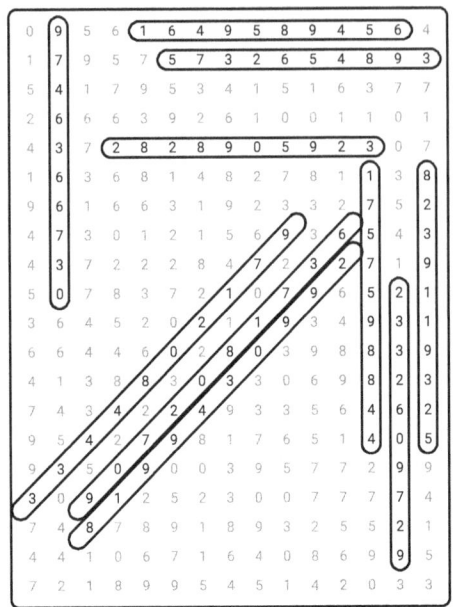

Number Search 47

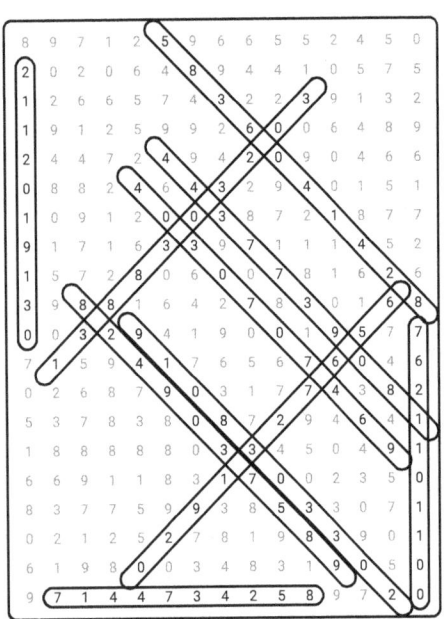

Number Search 48

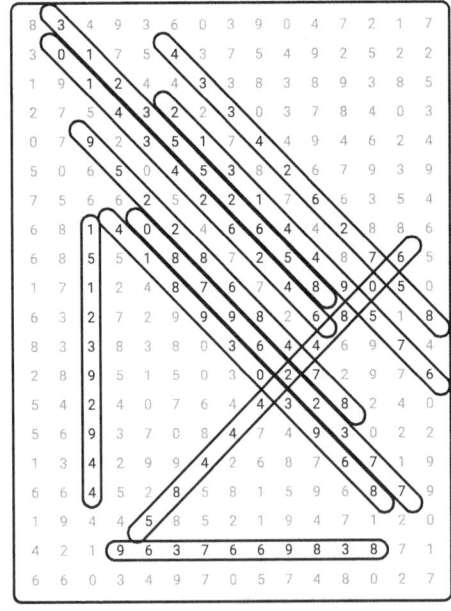

Number Search 49

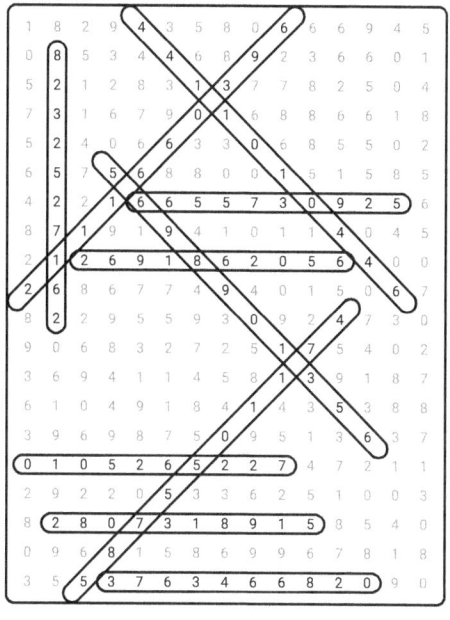

Number Search 50

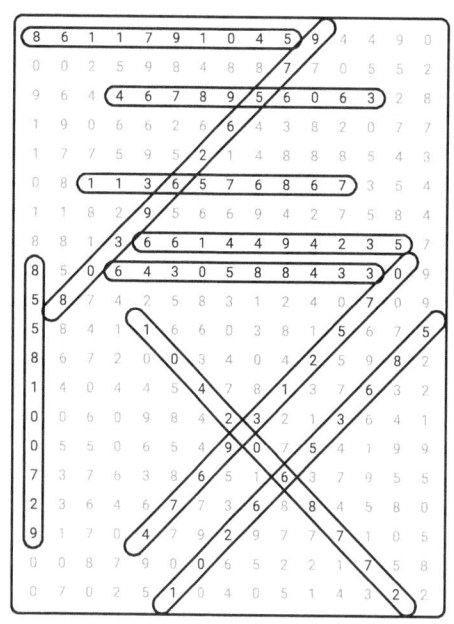

Number Search 51

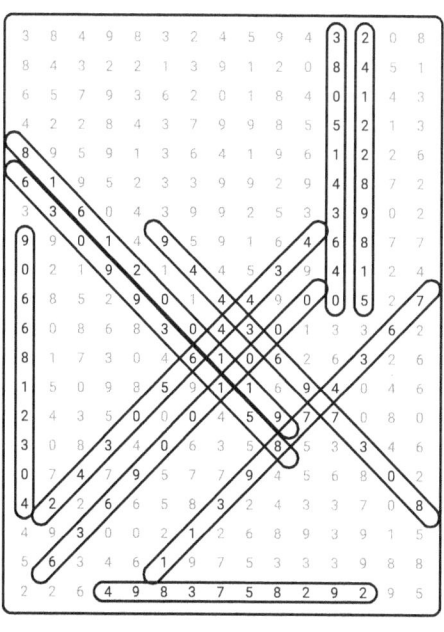

Number Search 52

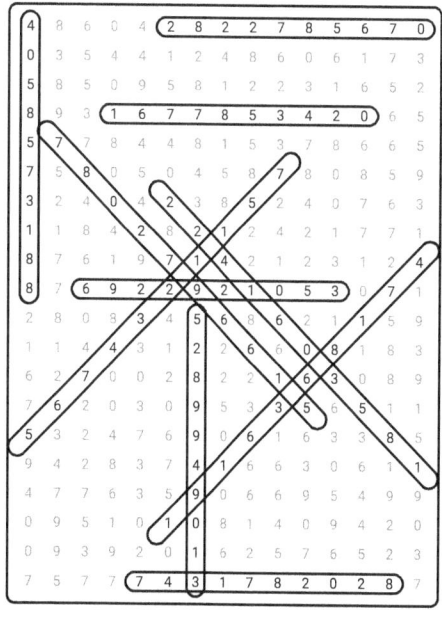

Number Search 53

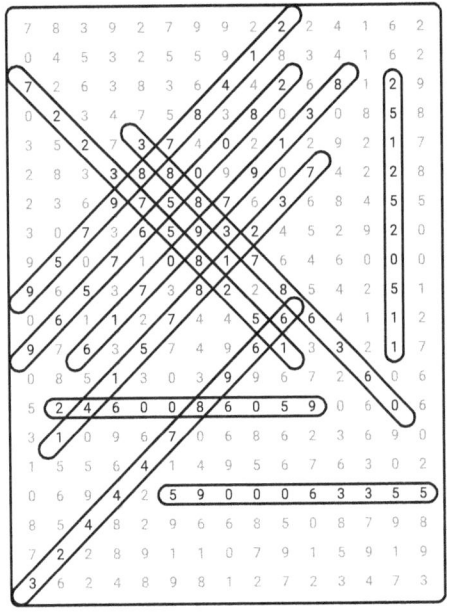

Number Search 54

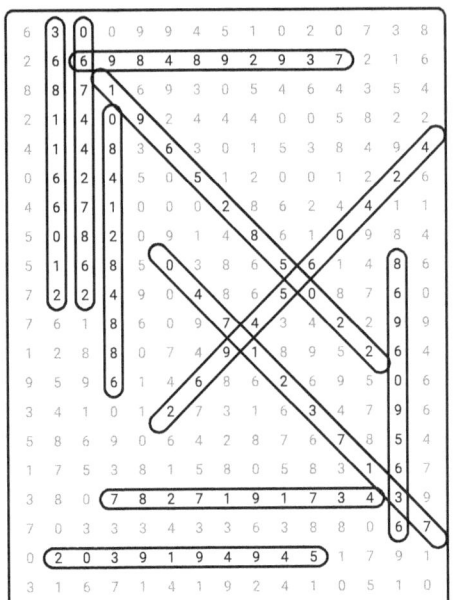

Number Search 55

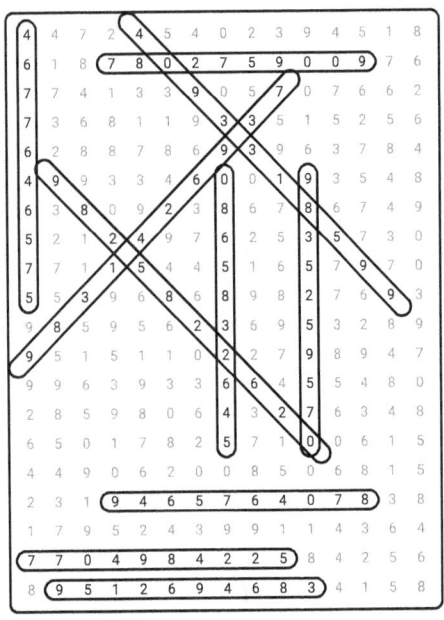

Number Search 56

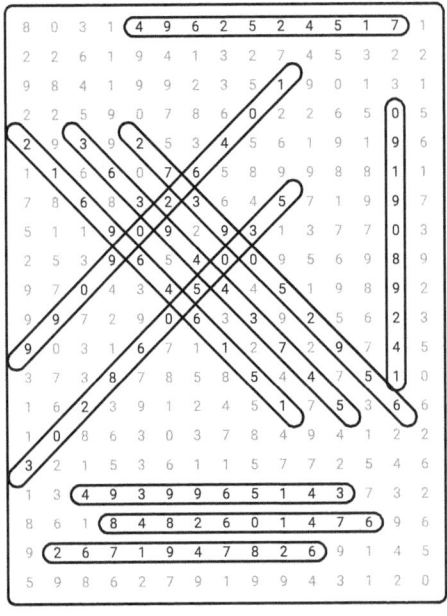

Number Search 57

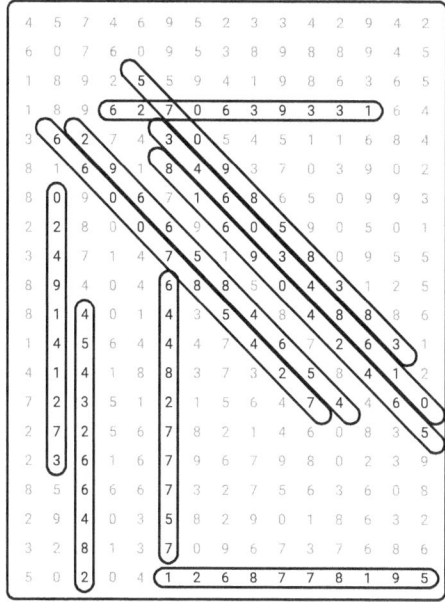

Number Search 58

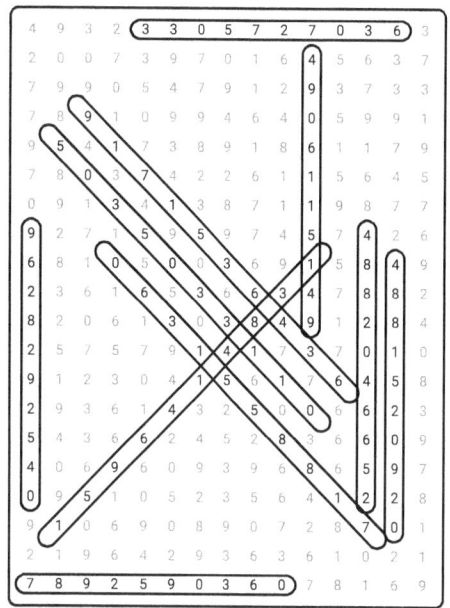

Number Search 59

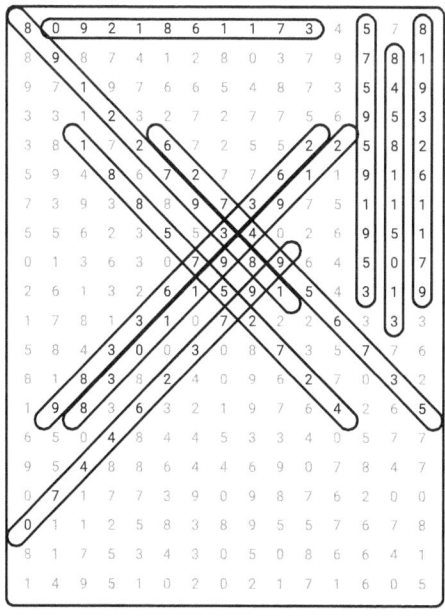

Number Search 60

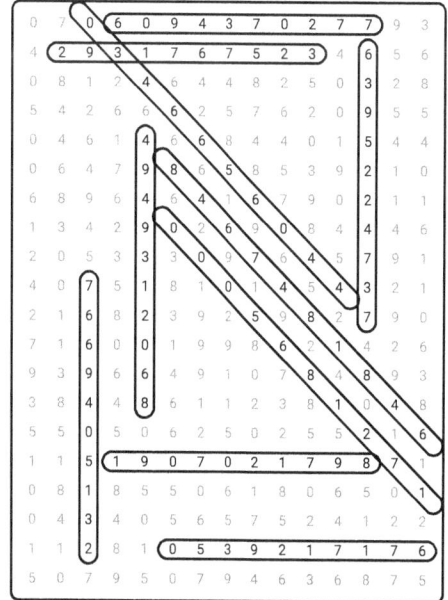

Number Search 61

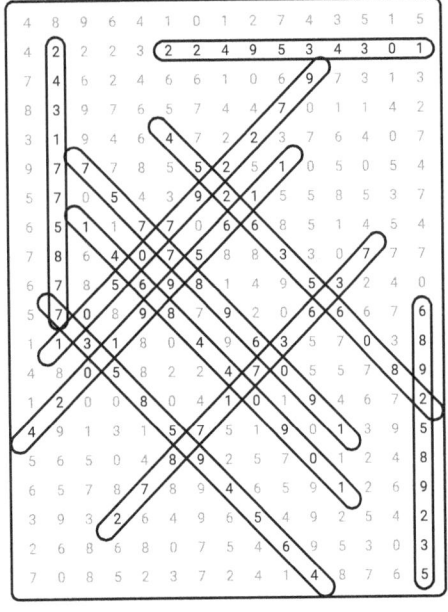

Number Search 62

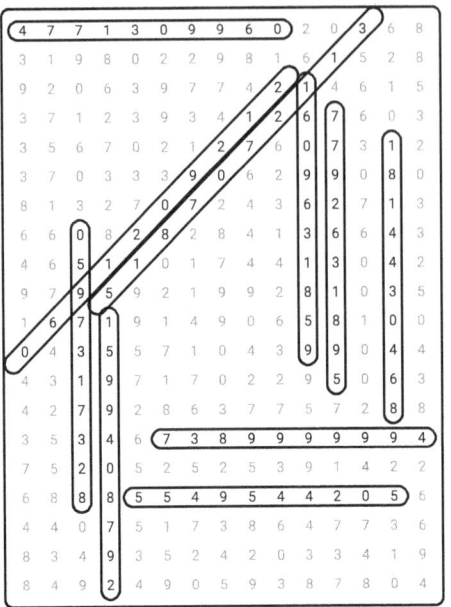

Number Search 63

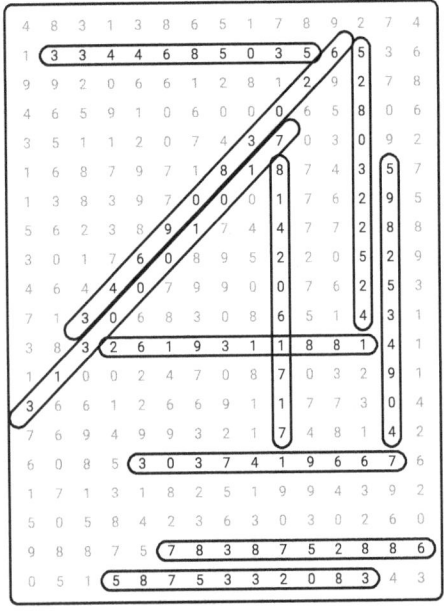

Number Search 64

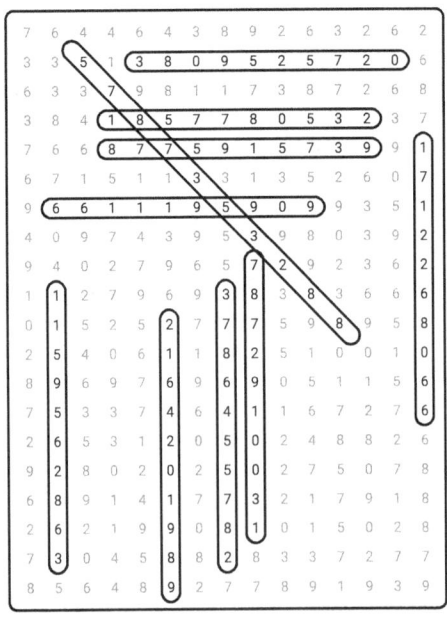

Number Search 65

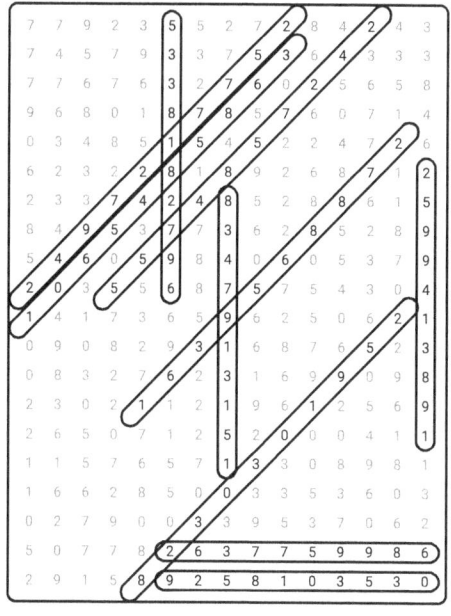

Number Search 66

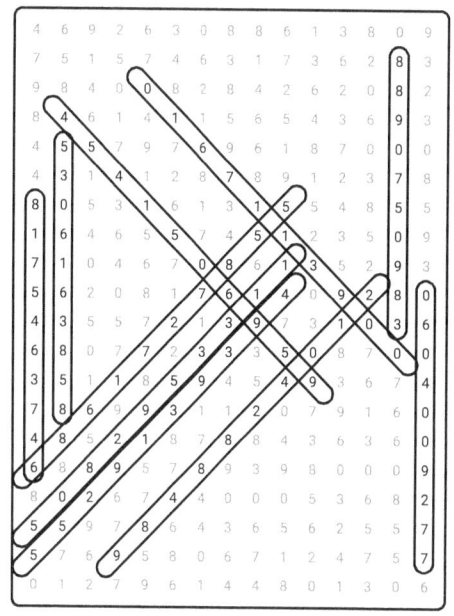

Number Search 67

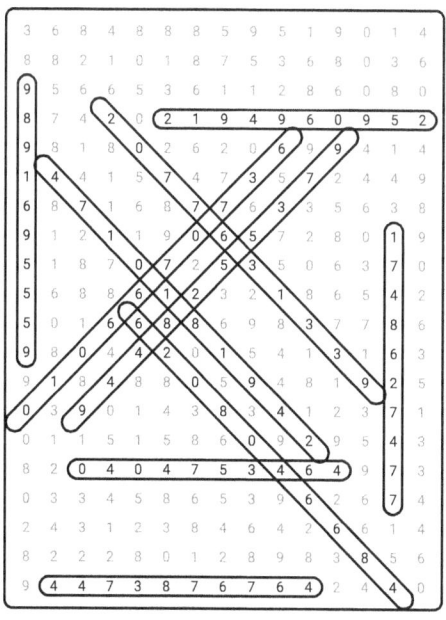

Number Search 68

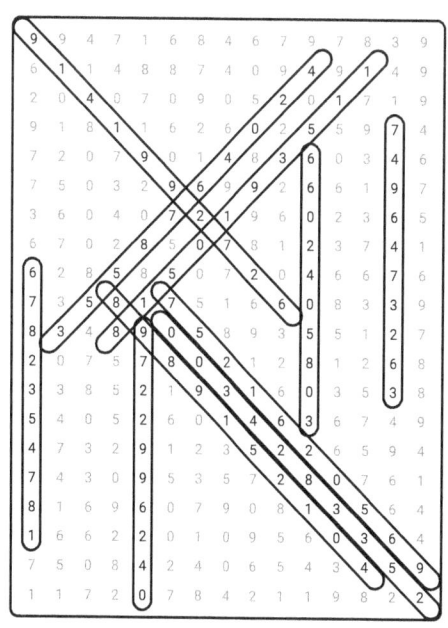

Number Search 69

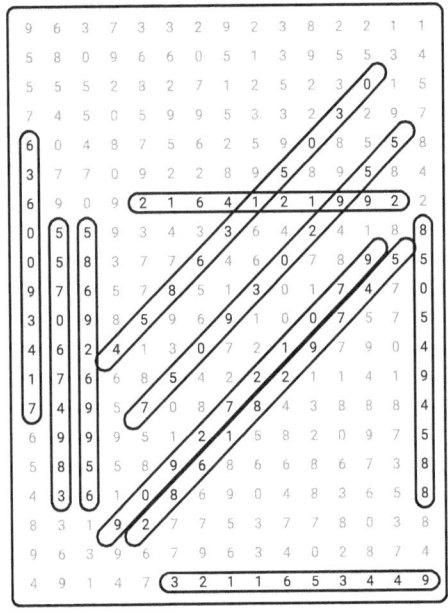

Number Search 70

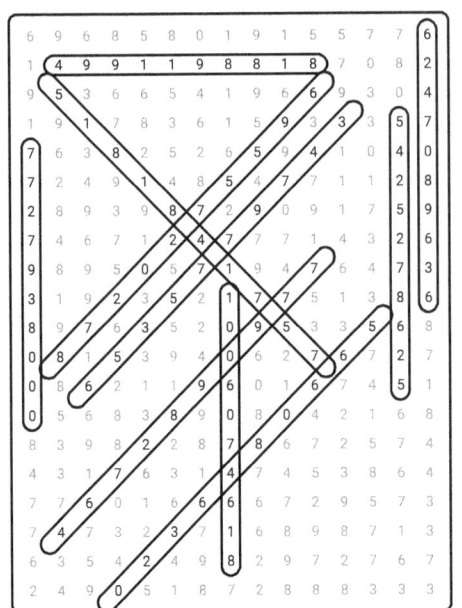

Number Search 71

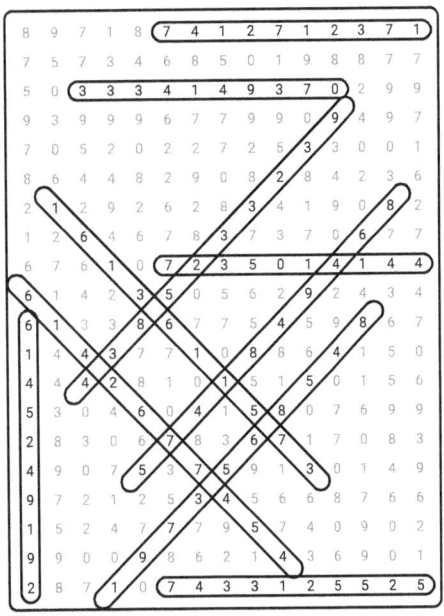

Number Search 72

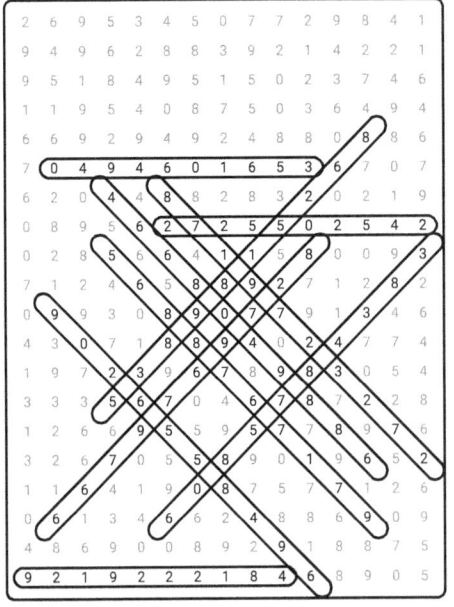

Number Search 73

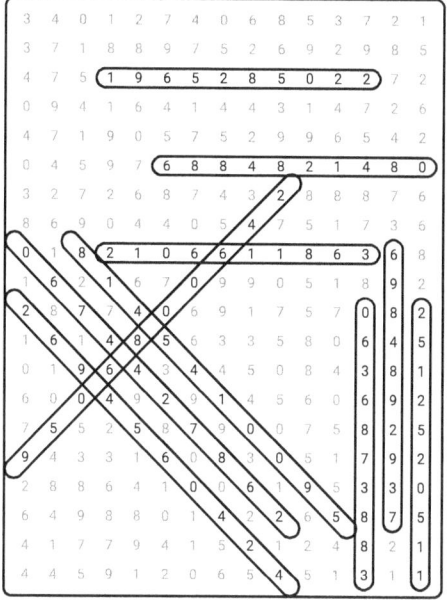

Number Search 74

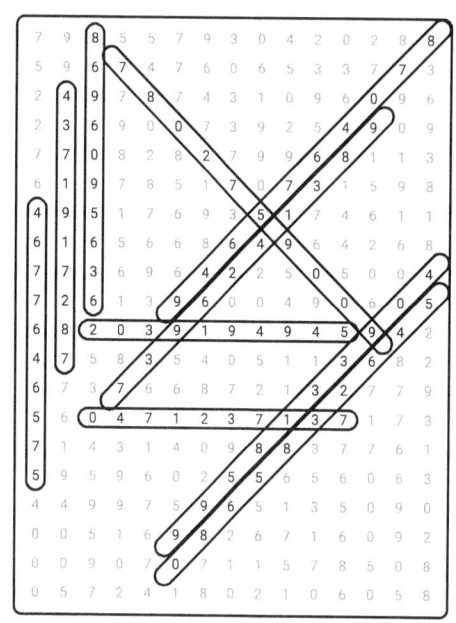

Number Search 75

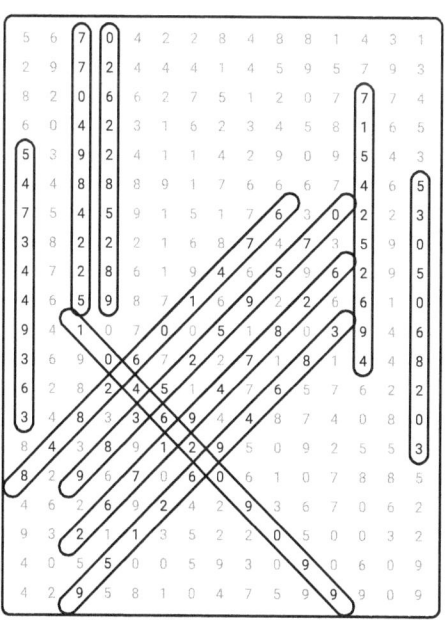

Number Search 76

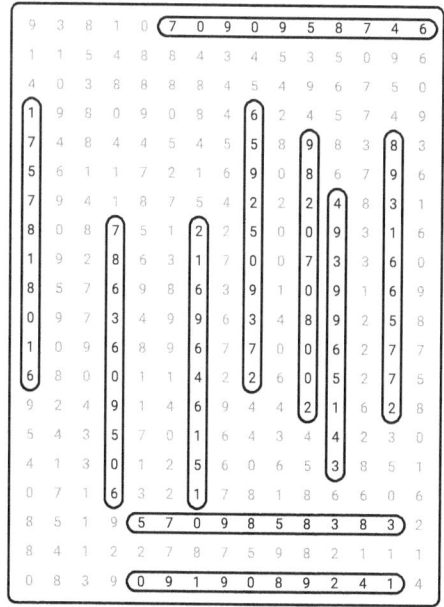

Number Search 77

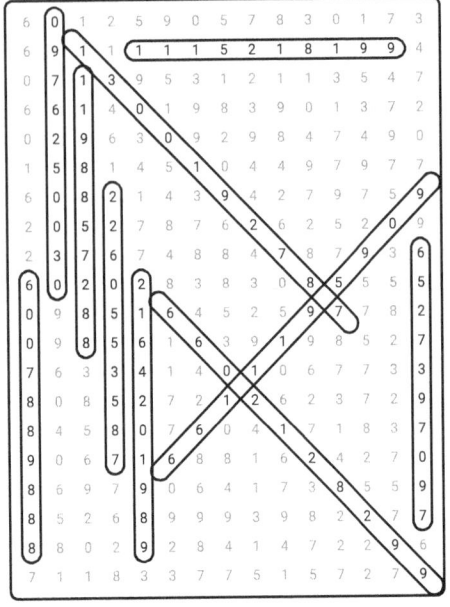

Number Search 78

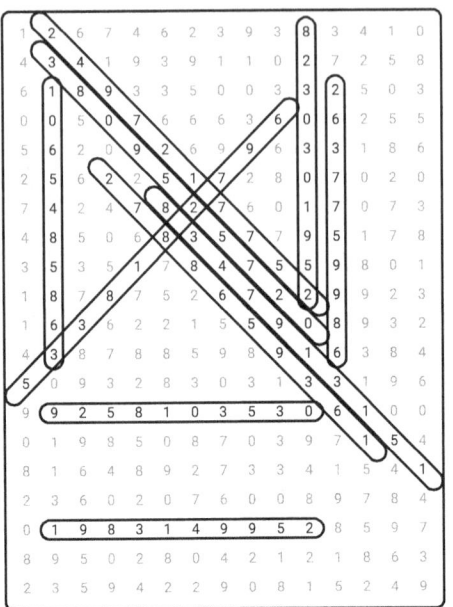

Number Search 79

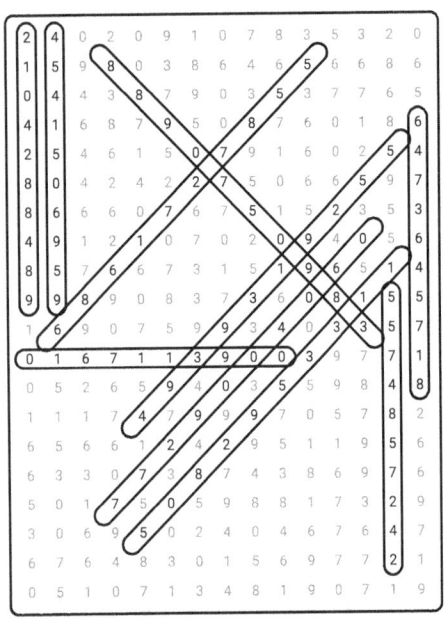

Number Search 80

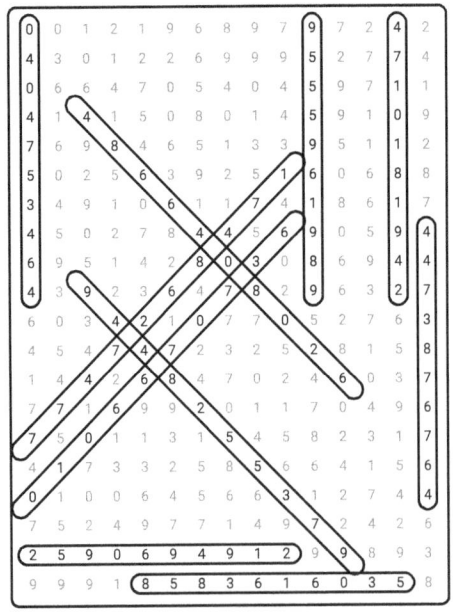

www.ingramcontent.com/pod-product-compliance
Lightning Source LLC
Chambersburg PA
CBHW062223220526
45471CB00009B/3319